多目标优化方法
在材料成型中的应用

马劲红 陈 伟 李 娟 张利亚 著

U0315285

北 京
冶金工业出版社
2014

内 容 简 介

　　本书共分 8 章。第 1 章主要介绍了遗传算法的生物学基础、发展及应用；第 2 章介绍了人工神经网络的发展、人工神经元和神经网络的基本概念；第 3 章介绍了模糊数学的发展、模糊集及模糊数学模型；第 4 章介绍了多目标优化发展、概念、求解方法及演化算法和多目标优化的应用；第 5 章利用多目标遗传算法优化了棒材连轧孔型设计；第 6 章应用多目标遗传算法和有限元相结合的优化方法优化了波纹轨腰钢轨的波纹参数，优化了异型坯连铸二冷配水方案及万能型钢轧机机架圆角；第 7 章利用 BP-NSGA 相结合的优化方法优化了万能型钢轧机机架圆角；第 8 章利用模糊综合评判方法优化了 Y 型轧机轧辊参数。

　　本书适合研究生和从事材料成型的工程技术人员阅读。

图书在版编目（CIP）数据

　　多目标优化方法在材料成型中的应用/马劲红等著. —北京：冶金工业出版社，2014.8
　　ISBN 978-7-5024-6651-0

　　Ⅰ.①多⋯　Ⅱ.①马⋯　Ⅲ.①工程材料—成型　Ⅳ.①TB3

　　中国版本图书馆 CIP 数据核字（2014）第 167642 号

出 版 人　谭学余
地　　　址　北京市东城区嵩祝院北巷 39 号　邮编　100009　电话　(010)64027926
网　　　址　www.cnmip.com.cn　电子信箱　yjcbs@cnmip.com.cn
责任编辑　常国平　美术编辑　杨 帆　版式设计　孙跃红
责任校对　王佳祺　责任印制　牛晓波
ISBN 978-7-5024-6651-0
冶金工业出版社出版发行；各地新华书店经销；北京百善印刷厂印刷
2014 年 8 月第 1 版，2014 年 8 月第 1 次印刷
148mm×210mm；4.875 印张；139 千字；145 页
28.00 元

冶金工业出版社　投稿电话　(010)64027932　投稿信箱　tougao@cnmip.com.cn
冶金工业出版社营销中心　电话　(010)64044283　传真　(010)64027893
冶金书店　地址　北京市东四西大街46 号(100010)　电话　(010)65289081(兼传真)
冶金工业出版社天猫旗舰店　yjgy.tmall.com
　　　　　　　　（本书如有印装质量问题，本社营销中心负责退换）

前　言

随着科学技术的发展，现代设计方法已被广泛采用。优化设计是现代设计方法的重要内容之一，它以现代演化算法为基础，以计算机为工具，在充分考虑多种设计约束的前提下，寻求满足预定目标的最佳设计方案。现在工程技术人员所面临的优化设计问题往往为多目标优化设计问题。把优化设计用于材料成型中，无论对于设备设计还是工艺设计，都可以缩短设计周期，降低设备生产成本，优化材料成型工艺过程，最大限度地降低生产成本，提高产品性能，具有重要的理论意义和较大的经济价值。

本书将多目标优化方法用于优化材料成型设备及工艺，对于从事设备设计和制订工艺过程的工程人员，具有一定的参考价值。全书共分8章。第1章主要介绍了遗传算法的生物学基础、发展及应用；第2章介绍了人工神经网络的发展、人工神经元和神经网络的基本概念；第3章介绍了模糊数学的发展、模糊集及模糊数学模型；第4章介绍了多目标优化发展、概念、求解方法及演化算法和多目标优化的应用；第5章利用多目标遗传算法优化了棒材连轧孔型设计；第6章应用多目标遗传算法和有限元相结合的优化方法优化了波纹轨腰钢轨的波纹参数，优化了异型坯连铸二冷配水方案以及万能型钢轧机机架圆角；第7章利用 BP-NSGA 相结合的优化方法优化了万能型钢轧机机架圆角；第8章利用模糊综合评判方法优化了 Y 型轧机轧辊参数。

本书由马劲红、陈伟、李娟、张利亚著。其中，第 6.6 节由陈伟著，第 7.1 节由李娟著，第 8.1~8.3 节由张利亚著，其余章节由马劲红著。

本书在写作过程中得到了燕山大学张文志教授的指导和河北联合大学冶金与能源学院研究生陶彬的帮助，特此表示感谢！

由于写作时间仓促和著者水平所限，书中难免存在不妥之处，恳请专家和读者批评指正。

作　者

2014 年 5 月于河北联合大学

目　　录

1 遗传算法

1.1 遗传算法的生物学基础

生物在自然界中的生存繁衍，显示出了其对自然环境的优异自适应能力。受其启发，人们致力于对生物各种生存特性的机理研究和行为模拟，为人工自适应系统的设计和开发提供了广阔的前景。遗传算法（genetic algorithms，GA）就是这种生物行为的计算机模拟，遗传算法使得各种人工系统具有优良的自适应能力和优化能力。遗传算法所借鉴的生物学基础就是生物的遗传和进化。

1.1.1 遗传与变异

世间的生物从其亲代继承特性或性状，这种生命现象就称为遗传（heredity），研究这种生命现象的科学叫做遗传学（genetics）[1]。由于遗传的作用，使得人们可以种瓜得瓜、种豆得豆，也使得鸟仍然是在天空中飞翔，鱼仍然是在水中遨游。

构成生物的基本结构和功能单位是细胞。细胞中含有的一种微小的丝状化合物称为染色体（chromosome），所有遗传信息都包含在这个复杂而又微小的染色体中。遗传信息是由基因（gene）组成的，生物的各种性状由其相应的基因所控制，基因是遗传的基本单位。细胞通过分裂具有自我复制的能力，在细胞分裂的过程中，其遗传基因也同时被复制到下一代，从而其性状也被下一代所继承。经过生物学家的研究，现在人们已经明白控制并决定生物遗传性状的染色体主要是由一种叫做脱氧核糖核酸（deoxyribonucleic aid，DNA）的物质所构成，除此之外，染色体中还含有很多蛋白质。DNA 在染色体中有规则地排列着，它是个大分子的有机聚合物，其基本结构单位是核苷酸。每个核苷酸由四种称为碱基的环状有机化合物中的一种、一分子戊糖和磷酸分子所组成。许多核苷酸通过磷酸二酯键相结合形成一个长长的链状结构，两个链状结构再通过碱基间的氢键有规律地扭合在一起，相互卷曲起来形成一种双螺旋结构。另外，低等生物中还含有一种叫做核糖核酸（ribonucleic aid，RNA）的物质，它的作用和结构与 DNA 类似。基因就是 DNA 或 RNA 长链结构中占有一定位置的基本遗传单位。生物的基因数量根据物种的不同也多少不一，小的病毒只含有几个基因，而高等动植物的基因却以数万计。DNA 中，遗传信息在一条长链上按一定的模式排列，即进行了遗传编码。一个基因或多个基因决定了组成蛋白质的 20 种氨基酸的组成比例及其排列顺序。遗传基因在染色体中所占据的位置称为基因座（locus），同一基因座可能有的全部基因称为等位基因（allele）。某种生物所特有的基因及其构成形式称为该生物的基因型（genotype），而该生物在环境中呈现出的相应的性状称为该生物的表现型（phenotype）。一个细胞核中所有染色体所携带的遗传信息的全体称为一个基因组（genome）。

　　细胞在分裂时，遗传物质通过复制（reproduction）而转移到新产生的细胞中，新细胞就继承了旧细胞的基因。有性生殖生物在繁殖下一代时，两个同源染色体之间通过交叉（crossover）而重组，即在两个染色体的某一相同位置处被切断，其前后两串分别交叉组合而形成两个新的染色体。另外，在进行细胞复制时，虽然概率很小，但也有可能产生某些复发生某种制差错，从而使变异（mutation）产生出新的染色体。这些新的染色体表现出新的性状。如此这般，遗传基因或染色体在遗传的过程中由于各种各样的原因而发生变化。

1.1.2　进化

　　生物在其延续生存的过程中，逐渐适应于其生存环境，使其品质不断得到改良，这种生命现象称为进化（evolution）。生物的进化是以集团的形式共同进行的，这样的一个团体称为群体（population），组成群体的单个生物称为个体（individual）。每一个个体对其生存环境都有不同的适应能力，这种适应能力称为个体的适应度（fitness）。

达尔文（darwin）的自然选择学说（natural selection）构成了现代进化论的主体[2]。自然选择学说认为，通过不同生物间的交配以及其他一些原因，生物的基因有可能发生变异而形成一种新的生物基因，这部分变异了的基因也将遗传到下一代。虽然这种变化的概率是可以预测的，但具体哪一个个体发生变化却是偶然的。这种新的基因依据其与环境的适应程度决定其增殖能力，有利于生存环境的基因逐渐增多，而不利于生存环境的基因逐渐减少。通过这种自然的选择，物种将逐渐地向适应于生存环境的方向进化，从而产生出优良的物种。

1.1.3 遗传与进化的系统观

虽然人们还未完全揭开遗传与进化的奥秘，既没有完全掌握其机制，也不完全清楚染色体编码和译码过程的细节，更不完全了解其控制方式，但遗传与进化的以下几个特点却为人们所共识：

（1）生物的所有遗传信息都包含在其染色体中，染色体决定了生物的性状。

（2）染色体是由基因及其有规律的排列所构成的，遗传和进化过程发生在染色体上。

（3）生物的繁殖过程是由其基因的复制过程来完成的。

（4）通过同源染色体之间的交叉或染色体的变异会产生新的物种，使生物呈现新的性状。

（5）对环境适应性好的基因或染色体经常比适应性差的基因或染色体有更多的机会遗传到下一代。

1.2 遗传算法的发展

遗传算法起源于对生物系统所进行的计算机模拟研究。早在 20 世纪 40 年代，就有学者开始研究如何利用计算机进行生物模拟的技术，他们从生物学的角度进行了生物的进化过程模拟、遗传过程模拟等研究工作。进入 60 年代后，美国密执安大学的 Holland 教授及其学生们受到这种生物模拟技术的启发，创造出了一种基于生物遗传和进化机制的适合于复杂系统优化计算的自适应概率优化技术——遗传算法。下面是在遗传算法的发展进程中一些关键人物所做出的一些主要贡献[3]。

（1）J. H. Holland。20 世纪 60 年代，Holland 认识到了生物的遗传和自然进化现象与人工自适应系统的相似关系，运用生物遗传和进化的思想来研究自然和人工自适应系统的生成以及它们与环境的关系，提出在研究和设计人工自适应系统时，可以借鉴生物遗传的机制，以群体的方法进行自适应搜索，并且充分认识到了交叉、变异等运算策略在自适应系统中的重要性。

70 年代初，Holland 教授提出了遗传算法的基本定理——模式定理（schema theorem），从而奠定了遗传算法的理论基础。模式定理揭示出了群体中的优良个体（较好的模式）的样本数将以指数级规律增长，因而从理论上保证了遗传算法是一个可以用来寻求最优可行解的优化过程。1975 年，Holland 出版了第一本系统论述遗传算法和人工自适应系统的专著——《自然系统和人工系统的自适应性（Adaptation in Natural and Artificial Systems）》[4]。

80 年代，Holland 教授实现了第一个基于遗传算法的机器学习系统——分类器系统（classifier systems，CS），开创了基于遗传算法的机器学习的新概念，为分类器系统构造出了一个完整的框架。

（2）J. D. Bagley。1967 年，Holland 的学生 Bagley 在其博士论文中首次提出了"遗传算法"一词，并发表了遗传算法应用方面的第一篇论文。他发展了复制、交叉、变异、显性、倒位等遗传算子，在个体编码上使用了双倍体的编码方法。这些都与目前遗传算法中所使用的算子和方法相类似。他还敏锐地意识到了在遗传算法执行的不同阶段可以使用不同的选择率，这将有利于防止遗传算法的早熟现象，从而创立了自适应遗传算法的概念。

（3）K. A. De Jong。1975 年，De Jong 在其博士论文中结合模式定理进行了大量的纯数值函数优化计算实验，树立了遗传算法的工作框架，得到了一些重要且具有指导意义的结论[5]。例如，对于规模在 50~100 代的群体，经过 10~20 代的进化，遗传算法都能以很高的概率找到最优或近似最优解。他推荐了在大多数优化问题中都较适用的遗传算法的参数，还建立了著名的 De Jong 五函数测试平台，定义了评价遗传算法性能的在线指标和离线指标。

（4）D. J. Goldberg。1989 年，Goldberg 出版了专著《搜索、优化和机器学习中的遗传算法（Genetic Algorithms in Search, Optimization and Machine Learning)》[6]。该书系统总结遗传算法的主要研究成果，全面而完整地论述了遗传算法的基本原理及其应用。可以说这本书奠定了现代遗传算法的科学基础，为众多研究和发展遗传算法的学者所瞩目。

（5）L. D. Davis。1991 年，Davis 编辑出版了《遗传算法手册（Handbook of Genetic Algorithms)》一书，书中包括了遗传算法在科学计算、工程技术和社会经济中的大量应用实例[7]。这本书为推广和普及遗传算法的应用起到了重要的指导作用。

1.3　遗传算法的特点

为解决各种优化计算问题，人们提出了各种各样的优化算法，如单纯形法、梯度法、动态规划法、分枝定界法等。这些优化算法各有各的长处，各有各的适用范围，也各有各的限制。遗传算法是一类可用于复杂系统优化计算的鲁棒搜索算法，与其他一些优化算法相比，它主要有下述几个特点[6]：

（1）遗传算法以决策变量的编码作为运算对象。传统的优化算法往往直接利用决策变量的实际值本身来进行优化计算，但遗传算法不是直接以决策变量的值，而是以决策变量的某种形式的编码为运算对象。这种对决策变量的编码处理方式，使得我们在优化计算过程中可以借鉴生物学中染色体和基因等概念，可以模仿自然界中生物的遗传和进化等机理，也使得我们可以方便地应用遗传操作算子。特别是对一些无数值概念或很难有数值概念，而只有代码概念的优化问题，编码处理方式更显示出了其独特的优越性。

（2）遗传算法直接以目标函数值作为搜索信息。传统的优化算法不仅需要利用目标函数值，而且往往需要目标函数的导数值等其他一些辅助信息才能确定搜索方向。而遗传算法仅使用由目标函数值变换来的适应度函数值，就可确定进一步的搜索方向和搜索范围，无需目标函数的导数值等其他一些辅助信息。利用这个特性，对很多目标函数是无法或很难求导数的函数，或导数不存在的函数的优化问题以及组合优化问题等，应用遗传算法时就显得比较方便，因为它避开了函数求导这个障碍。再者，直接利用目标函数值或个体适应度，可以把搜索范围集中到适应度较高的部分搜索空间中，从而提高了搜索效率。

（3）遗传算法同时使用多个搜索点的搜索信息。传统的优化算法往往是从解空间中的一个初始点开始最优解的迭代搜索过程。单个搜索点所提供的搜索信息毕竟不多，所以搜索效率不高，有时甚至使搜索过程陷于局部最优解而停滞不前。遗传算法从由很多个体所组成的一个初始群体开始最优解的搜索过程，而不是从一个单一的个体开始搜索。对这个群体所进行的选择、交叉、变异等运算，产生出的就是新一代的群体，在这之中包括了很多群体信息。这些信息可以避免搜索一些不必搜索的点，所以实际上相当于搜索了更多的点，这是遗传算法所特有的一种隐含并行性。

（4）遗传算法使用概率搜索技术。很多传统的优化算法往往使用的是确定性的搜索方法，一个搜索点到另一个搜索点的转移有确定的转移方法和转移关系，这种确定性往往也有可能使得搜索永远达不到最优点，因而也限制了算法的应用范围。而遗传算法属于一种自适应概率搜索技术，其选择、交叉、变异等运算都是以一种概率的方式来进行的，从而增加了其搜索过程的灵活性。虽然这种概率特性也会使群体中产生一些适应度不高的个体，但随着进化过程的进行，新的群体中总会更多地产生出许多优良的个体，实践和理论都已证明了在一定条件下遗传算法总是以概率 1 收敛于问题的最优解。当然，交叉概率和变异概率等参数也会影响算法的搜索效果和搜索效率，所以如何选择遗传算法的参数在其应用中是一个比较重要的问题。而另一方面，与其他一些算法相比，遗传算法的鲁棒性又会使得参数对其搜索效果的影响会尽可能地低。

1.4 遗传算法的应用

遗传算法提供了一种求解复杂系统优化问题的通用框架，它不依赖于问题的具体领域，对问题的种类有很强的鲁棒性，所以广泛应用于很多学科[7~10]。下面是遗传算法的一些主要应用领域：

（1）函数优化。函数优化是遗传算法的经典应用领域，也是对遗传算法进行性能评价的常用算例。很多人构造出了各种各样的复杂形式的测试函数，有连续函数也有离散函数，有凸函数也有凹函数，有低维函数也有高维函数，有确定函数也有随机函数，有单峰值函数也有多峰值函数等。用这些几何特性各具特色的函数来评价遗传算法的性能，更能反映算法的本质效果。而对于一些非线性、多模型、多目标的函数优化问题，用其他优化方法较难求解，而遗传算法却可以方便地得到较好的结果。

（2）组合优化。随着问题规模的增大，组合优化问题的搜索空间也急剧扩大，有时在目前的计算机上用枚举法很难或甚至不可能求出其精确最优解。对这类复杂问题，人们已意识到应把主要精力放在寻求其满意解上，而遗传算法是寻求这种满意解的最佳工具之一。实践证明，遗传算法对于组合优化中的完全问题非常有效。例如，遗传算法已经在求解旅行商问题、背包问题、装箱问题、图形划分问题等方面得到成功的应用。

（3）生产调度问题。生产调度问题在很多情况下所建立起来的数学模型难以精确求解，即使经过一些简化之后可以进行求解，也会因简化得太多而使得求解结果与实际相差甚远。而目前在现实生产中也主要是靠一些经验来进行调度。现在遗传算法已成为解决复杂调度问题的有效工具，在单件生产车间调度、流水线生产车间调度、生产规划、任务分配等方面遗传算法都得到了有效的应用。

（4）自动控制。在自动控制领域中有很多与优化相关的问题需要求解，遗传算法已在其中得到了初步的应用，并显示出了良好的效果。例如，用遗传算法进行航空控制系统的优化、使用遗传算法设计空间交会控制器、基于遗传算法的模糊控制器的优化设计、基于遗传算法的参数辨识、基于遗传算法的模糊控制规则的学习、利用遗传算法进行人工神经网络的结构优化设计和权值学习等，都显示出了遗传算法在这些领域中应用的可能性。

（5）机器人学。机器人是一类复杂的难以精确建模的人工系统，而遗传算法的起源就来自于对人工自适应系统的研究，所以机器人学理所当然地成为遗传算法的一个重要应用领域。例如，遗传算法已经在移动机器人路径规划、关节机器人运动轨迹规划、机器人逆运动学求解、细胞机器人的结构优化和行为协调等方面得到研究和应用。

（6）图像处理。图像处理是计算机视觉中的一个重要研究领域。在图像处理过程中，如扫描、特征提取、图像分割等不可避免地会存在一些误差，这些误差会影响图像处理的效果。如何使这些误差最小是使计算机视觉达到实用化的重要要求。遗传算法在这些图像处理中的优化计算方面找到了用武之地，目前已在模式识别、图像恢复、图像边缘特征提取等方面得到了应用。

（7）人工生命。人工生命是用计算机、机械等人工媒体模拟或构造出的具有自然生物系统特有行为的人造系统。自组织能力和自学习能力是人工生命的两大主要特征。人工生命与遗传算法有着密切的关系，基于遗传算法的进化模型是研究人工生命现象的重要基础理论。虽然人工生命的研究还处于启蒙阶段，但遗传算法已在其进化模型、学习模型、行为模型、自组织模型等方面显示出了初步的应用能力，并且必将得到更为深入的应用和发展。人工生命与遗传算法相辅相成，遗传算法为人工生命的研究提供了一个有效的工具，人工生命的研究也必将促进遗传算法的进一步发展。

（8）遗传编程。Koza 发展了遗传编程的概念，他使用了以遗传编程语言所表示的编码方法，基于对一种树型结构所进行的遗传操作来自动生成计算机程序。虽然遗传编程的理论尚未成熟，应用也有一些限制，但它已成功地应用于人工智能、机器学习等领域。

（9）机器学习。学习能力是高级自适应系统所应具备的能力之一。基于遗传算法的机器学习，特别是分类器系统，在很多领域中都得到了应用。例如，遗传算法被用于学习模糊控制规则，利用遗传算法来学习隶属度函数，从而更好地改进了模糊系统的性能；基于遗传算法的机器学习。学习能力是高级自适应系统所应具备的能力之一。基于遗传算法的机器学习可用来调整人工神经网络的连接权，也可用于人工神经网络的网络结构优化设计；分类器系统也在学习式多机器人路径规划系统中得到了成功的应用。

1.5 遗传算法优化

目前，解决函数优化问题的方法主要有解析法和数值计算法两类。利用解析法来求解函数优化问题，必须先对目标函数和约束函数求导，再利用函数极值的充分和必要条件求出函数的极值点，最后将极值点作为函数优化问题的解。由于解析法需要利用函数导数的解析表达式，因此只适用于解决简单的函数优化问题。

解决函数优化问题的数值计算法主要有线性规划中的单纯形法，非线性规划中的坐标轮换法、梯度法、共轭梯度法、拟牛顿法、序列二次规划法以及几何规划和动态规划中的一些方法。这些数值计算方法大部分需要利用函数的导数信息，因此，这类方法只能应用于函数连续、可导的优化问题，应用领域受到一定的限制。另外，由于数值计算类优化方法大多利用导数信息来搜索优化方向，因而不可避免地会收敛于局部优化解。

遗传算法自出现以来就在函数优化问题中得到了应用。遗传算法只需函数值的信息，不需要设计空间或函数的连续，因而适合于求解各类函数优化问题。遗传算法能在设计空间的较大范围内寻优，因而更有可能获得全局优化解。目前，遗传算法已用来解决连续变量优化问题、混合离散变量优化问题、组合优化问题等。

1.5.1 遗传算法优化的基本原理和步骤

1.5.1.1 遗传算法优化的基本原理

以模拟自然界生物遗传和进化过程形式的遗传算法，是依据生物进化以集团形式即群体共同进化的。组成群体的单个生物称为个体基本特性的遗传继承，由个体性质的染色体所决定。具有遗传基因染色体的个体对环境有不同的适应性，通过基因杂交和变异产生强者，在遗传进化中"适者生存"的自然选择机制作用下，使得更适应环境的个体被保留下来。遗传算法正是基于自然选择和自然遗传这种生物进化机制的搜索算法，将优化问题开创成新的全局优化搜索算法。

对于求函数最大值的优化问题：

$$\max f(X)$$
$$\text{s. t. } g(X) \leqslant 0$$
$$X \in R^n \tag{1-1}$$

式中　$X = [x_1, x_2, \cdots, x_n]^T$ ——决策变量；

$\qquad\qquad R^n$ —— n 维欧式空间；

$\qquad\qquad g(X)$ ——约束条件；

$\qquad\qquad f(X)$ ——目标函数。

遗传算法中，求函数的极大值可以用适应度代替目标函数。适应度是生物个体对环境的适应度，用来评估生物群中每个个体适应环境所表现出的不同生命力，从而决定遗传机会的大小。优化问题中的 n 维矢量 $X = [x_1, x_2, \cdots, x_n]^T$，遗传算法是用 n 个记号 $X_i(i = 1, 2, \cdots, n)$ 所组成的符号串 X 来表示：

$$X = X_1 X_2 \cdots X_n \tag{1-2}$$

这样，X 就可以看成由 n 个遗传基因 X_i 所组成的染色体。每一个 X_i 就是一个遗传基因，所有可能的取值即为等位基因，这里等位基因是一组整数，也可以是某一范围内的实数值或者是纯粹的一个记号。最简单的等位基因是由 0 和 1 这两个整数组成的，相应的染色体就可表示成一个二进制的符号串。染色体 X 也称为个体 X，对于每一个个体 X，要按一定规则确定出其适应度。个体适应度与其相应的个体表现型 X 的目标函数相关，X 越接近于目标函数的最优点，其适应度越大；反之亦然。

遗传算法是以决策变量 X 组成优化问题的解空间。对问题最优解的搜索是通过对染色体 X 的搜索过程进行的，从而由所有染色体 X 就组成了问题的搜索空间。与生物一代一代的自然进化过程相类似，遗传算法的运算过程也是一个反复迭代过程。这个群体不断地经过复制、交叉和变异等遗传和进化操作，并且每次都按照优胜劣汰的规则，将适应度较高的个体更多地遗传到下一代，这样最终在群体中将会得到一个优良个体 X，它所对应的表现型 X 将达到或接近于问题的最优解 X。

1.5.1.2 遗传算法优化的基本步骤

遗传算法的主要运算过程如下：

（1）遗传算法的编码。由问题空间向遗传算法空间的映射称为编码（coding），由遗传算法空间向问题空间的映射称为解码（decoding）[11]。遗传算法的进化过程是建立在编码机制的基础之上，因此在求解之前，先将待求解问题进行编码，表示成码串的形式。在进行编码时，需要考虑以下几点：

1）染色体的 Lamarkian 特性。子代种群中的个体可以继承父代中适应度值较高个体的基因片段。

2）解码的复杂性。个体编码后，经过选择、交叉与变异操作后，需要再对染色体进行解码才能求解个体的适应度。为了降低计算的复杂程度，提高求解效率，解码方案应力求简单。

3）编码的空间特性。在编码时必须考虑码串能否完全表示解空间，同时所得到的码串仅包含可行解搜索空间，而且一种编码方案和解一一对应。

4）存储的需求。编码的长度反映了对存储空间的需求，码串越长，其存储量越大，计算复杂程度越高。

（2）适应度函数的计算。遗传算法在进化搜索过程中仅以适应度值为标准来区分个体的优劣。一般，直接以待求解函数的目标函数为适应度函数会存在下列问题：若目标函数为负值，导致在选择时出现负概率；函数值分布不均，差异非常大，据此求解的平均适应度值无法体现种群的平均性能[12]。因此，需要对目标函数做适应的变换。

1）求解目标函数为最小化问题，则：

$$\mathrm{Fit}(f(x)) = \begin{cases} c_{\max} - f(x) & f(x) < c_{\max} \\ 0 & f(x) \geqslant c_{\max} \end{cases} \tag{1-3}$$

其中，$f(x)$ 为目标函数，$c_{\max}$ 为目标函数的最大估计值，$\mathrm{Fit}(f(x))$ 为适应度值。

2）求解目标函数为最大化问题，为了保证适应度值均为正值，则：

$$\text{Fit}(f(x)) = \begin{cases} f(x) - c_{\min} & f(x) > c_{\min} \\ 0 & f(x) \leq c_{\min} \end{cases} \tag{1-4}$$

其中，$f(x)$ 为目标函数，$c_{\min}$ 为目标函数的最小估计值，$\text{Fit}(f(x))$ 为适应值。

（3）选择运算。选择的目的是把种群中较优的个体直接遗传复制到下一代，目前常用的选择算子有[13]：

1）轮盘赌选择（rulette wheel selection）是由 Holland 提出的选择方式[14]，首先为种群中每个个体分配一个概率值，设种群大小为 M，其中个体 i 的适应度 f_i，则 i 被选中的概率 P_i 为：$P_i = f_i \div (\sum\limits_{j=1}^{M} f_i)$。然后随机生成 [0，1] 之间的随机数 r_i 作为评判标准，如果 $r_i < P_i$，则个体被选中。

2）锦标赛选择（tournament selection）是有 Goldberg、Korb 和 Deb 提出的，首先随机的从种群中选择一定数目（tour）的个体，然后将这些个体相互比较，再把最好的个体放入下一代种群中，其中 Tour 的取值范围为 [0，种群大小]。

（4）交叉运算。交叉是遗传算法的核心部分，所谓交叉就是将两个父本的部分加以替换重组成新的个体。交叉体现了自然界中信息交换的思想，在设计交叉算子时，应该尽量保证上一代优秀个体的基因能遗传到下一代。交叉操作一般分为如下几步：①按交叉率遍历新种群中的染色体，选择出需要交叉的染色体，并随机进行配对；②确定交叉位置；③将参加交叉的两个父体染色体重组。

目前主要采用以下两种方式进行交叉操作：

1）单点交叉。交叉时在个体串中随机选定一个交叉点，将该点前或后的两个父体相互交换，形成新的个体。设有如下两个父体，设交叉位置为5，则交叉后的两个子个体为：

父个体1 01110011010   子个体1 01110100101
父个体2 10101100101   子个体2 10110000100

2）多点交叉。多点交叉可以有效地避免算法陷入"早熟"，对于多点交叉，m 个交叉位置 K，可随机选择，将交叉点之间的基因间续地相互交换，产生新的个体。设有如下两个父体，交叉点的位置分别选取为 2、6、10，交叉后生成如下两个子个体：

父个体 1　0 1 1 1 0 0 1 1 0 1 0　　子个体 1　0 1 1 0 1 1 1 1 0 1 1

父个体 2　1 0 1 0 1 1 0 0 1 0 1　　子个体 2　1 0 1 1 0 0 0 0 1 0 0

（5）变异运算。变异是指染色体上某一位置的基因发生变化，进而产生新的基因，增加种群的多样性。在变异操作中，变异率的取值不能太大，否则进化算法将沦为纯粹的随机搜索方法，使得进化算法的有向搜索能力不复存在了。常用的变异方式主要有二进制变异。对于二进制编码的染色体，只需将变异基因反转即可，即 0 变为 1，1 变为 0。如下在第四位基因变异，则变异前：0 1 1 1 0 0 1 1 0 1 0；变异后：0 1 1 0 0 0 1 1 0 1 0。

在遗传算法中，交叉算子主要进行全局搜索，而变异算子进行局部搜索，因此使得算法具有高效的搜索能力，在问题求解过程中，通过一代代不断进行选择、交叉和变异操作，使种群中的个体不断向适应度值高的方向进化，最终寻找到令人满意的近似最优解。

（6）优化准则。遗传算法在求解过程中，可能会出现下列情况：

1）最优解在未达到最大进化代数时就已经出现；

2）进化过程中出现近似最优解，且很难或者不能出现最优解。

为了提高算法的效率，避免做过多的无用功，在算法中需要设定优化准则，以判断程序是否终止。常用的优化准则主要有以下：

1）种群中某个个体的适应度值或者种群的平均适应度值满足使用要求；

2）进化代数达到设定值。

1.5.2　遗传算法优化的特点

传统的优化方法的主要问题：

（1）解析法。通常是通过求解目标函数梯度为零的一组非线性方程来进行搜索，要求目标函数连续可微。当处理变量多、方程较为复杂的优化问题时，它就显得无能为力了。对于多峰问题容易陷入局部最优解。

（2）爬山法。对于单峰性质的空间，且在更好的解位于当前解附近的前提下，爬山法才能继续进行行之有效的搜索。它也是属于寻找局部最优解的方法。

（3）穷举法。在一个连续有限或离散的无限搜索空间中，计算空间中每个点的目标函数值，并进行逐点比较。对应于搜索空间很大时，此法的效率最低。

（4）随机搜索法。主要指直接解法中的随机试验法和随机方向搜索法，它们的计算精度仍然不高，计算量大，通常用于小型优化问题。

遗传算法是寻优求解优化问题的效率和稳定性之间的有机协调，计算方法新颖独特，与传统优化计算方法相比有以下特点：

（1）对优化问题，遗传算法不是直接处理决策本身实际值，而是对它进行编码为运算对象。此编码处理方式，使优化计算过程可以借鉴生物学中染色体和基因等概念，通过模拟自然界中生物的遗传和进化等机理，可以方便地应用遗传操作算子。特别是对一些无数值概念或很难有数值概念而只有代码概念的优化问题，这种编码处理方式更显示出了独特的优越性，使得遗传算法具有广泛的应用领域。

（2）许多传统的优化方法是单点搜索法，遗传算法是在搜索空间中同时处理群体中多个个体的方法，即同时对搜索空间中的多个解进行评估，在这之中包括一群搜索点进行寻优，从而提高了搜索的效率，有效地防止了搜索过程限于局部最优解，减小了陷于局部最优解的风险，而且具有较大的可能求得全局最优解。

（3）遗传算法对目标函数不要求连续，更不要求可微，既可以是数学解析所表示的显函数，也可以是其他方式（映射矩阵或神经网络）的隐函数，可以说对目标函数几乎没有限制，仅用适应度来评估个体。适应度的唯一要求是输入可计算出加以比较下的输出，利用适应度来指导搜索向不断改进的方向前进。

（4）很多传统优化算法通常使用的是确定性搜索方法，从一个搜索点到另一个搜索点有确定的转移方法和转移的关系，这种确定性往往也有可能使得搜索难以达到最优点。然而遗传算法是属于一种自适应概率搜索技术，采用概率变迁规则而非确定性规则来指导其搜索空间。虽然这种概率特性也会使群体中产生出一些适应度不高的个体，但随着进化过程的进行，新的群体中总会更多地产生出许多优良个体，继续沿着最优解方向前进。

（5）遗传算法具有隐含并行性，不但使优化计算提高搜索效率，而且易于采用并行机和并行高速计算，因此适合大规模复杂问题的优化。

2 人工神经网络

2.1 人工神经网络简介

人工神经网络（artificial neural network），简称神经网络，是通过对自然界生物神经系统的组织结构、体统功能和处理方法进行粗略简单的模拟，利用相应的算法从外界环境中学习获取知识并处理解决问题的一门新兴交叉学科；开始于 20 世纪 40 年代，是人工智能研究领域的重要组成部分；已成为神经科学、计算机科学、脑科学、数学和心理学等学科共同关注的热点学科领域。神经网络通过神经元之间的相互作用来处理信息，从而形成简单的计算系统，该系统简单地说就是一个数学模型，其实现的方式有很多[15~17]，可以用电子线路来实现，也可以用计算机程序来模拟实现。

神经网络是一种并行分布模式处理系统，具有高度并行计算能力、自学习能力和容错能力[18]，特别适用于处理问题时需要同时考虑许多因素和条件的，以及不精确和模糊信息处理。自 20 世纪 80 年代开始，人工神经网络已经广泛应用于模式识别、系统辨识、信号处理、自动控制、组织优化、预测估计、故障诊断以及医学等领域，并且取得了突破性的进展[19]。同时，人工神经网络在经济、管理等领域也有许多应用，如企业管理、市场分析、决策优化、股票预测、物资调运、专家系统、管理和决策支持系统、信息的快速录取、分类与查询等[20]。一些大型金融机构也使用这种方法来增进某些特殊的功能，如评判抵押品的价值、评定顾客的信用以及贷款风险评估等。90年代初期，人工神经网络技术已经被引入财务危机预测等相关领域进行研究，并且取得了良好的预测效果。与传统的统计方法相比，人工神经网络具有其不可比拟的优势[21]。

神经网络从本质上来说是一个大规模的连续的非线性时间动力系统，具有并行处理、分布存储、自学习自适应、连续时间非线性动力学、高度容错能力等特性。与此同时，它还可以利用神经元之间相互连接的物理关系来存储知识和信息，通过神经元连接的权值动态演化来进行网络的学习。

2.2　人工神经网络发展历史

20世纪40年代初，研究与应用神经网络的工作就已经开始了，到现在大概已有半个多世纪的历史，人工神经网络的发展历程经历许多坎坷与波折，大致可以分为以下几个发展时期[22]：

（1）早期发展期。1943年，W. McCulloch和W. Pitts提出了MP神经网络的模型，他们展示了最基本的神经元模型，同时也给出了相应的工作方式。随后，在1949年，神经生物学家D. Hebb通过研究发现，人的大脑细胞之间连通的强度会在进行某种活动时将被加强，从而将人的生理与心理间联系到了一起，提出了一种学习规则，也就是后来的Hebb学习规则。Hebb规则到目前为止还是许多神经网模型中基本的学习算法仍被大量使用。1957年，F. Rosenblat提出了基于感知机的网络模型，这是一个由线性神经元组成的前馈神经网络，可用于解决简单的分类问题但无法解决异或问题。1960年，B. Widrow和M. Hoff提出了自适应的线性神经元，这是一种连续取值的神经网络，可用于自适应系统。

（2）低迷时期。1969年，人工智能的创始人M. Minsky和S. Papert发表了《感知器》（《Perceptrons》）一书。书中指出：单层Perceptron只能作线性划分无法解决非线性的分类问题，并且多层Perceptron还没有可用的学习规则，因此指出感知器没有太大的研究和应用价值。由于这两位学者在人工智能领域的地位，该书在人工神经网络研究人员广为流传，产生了较大的影响，使神经网络的研究一度裹足不前，进入了低迷时期。

但是，人们认识事物的过程总是在不断地深入和发展，有一些困难也只是暂时的，在神经网络的研究方面还是有一些学者仍在不断的努力，并且还是取得了一些重要发现的。其中比较突出的是1982年由加州理工大学教授 H. Hopfield 提出的 Hopfield 神经网络。他是采用运算放大器来构建了一种带有反馈的神经网络。在构建网络的过程的同时将 Lyapunov 能量函数的原理引入到网络模型中，给出了网络的稳定性判据，并给出了一种采用 Hopfield 网络来解决著名的组合优化问题——旅行商问题（TSP）的一个新的方案。Hopfield 网络已经大量应用于联想记忆、优化计算等领域。

2.3　人工神经元模型

2.3.1　生物神经元的结构

神经生理学和神经解剖学的研究结果表明，神经元是脑组织的基本单元，是神经系统结构与功能的单位。据统计，人类大脑大约包含有 1.4×10^{11} 个神经元，每个神经元与大约 $10^3 \sim 10^5$ 个其他神经元相连接，构成一个极为庞大而复杂的网络，即生物神经网络。生物神经网络中各项神经元之间连接的强弱，按照外部的激励信号作适应变化，而每个神经元又随着所接受的多个激励信号的综合结果呈现出兴奋和抑制状态。大脑的学习过程就是神经元之间连接强度随外部激励信息作适应变化的过程，大脑处理信息的结果由各神经元状态的整体效果确定。显然，神经元是人脑信息处理系统的最小单元。

人脑中神经元的形态不尽相同，功能也有差异。但从组成结构来看，各种神经元是共性的，图 2-1 给出了一个典型神经元的基本结构与其他神经元发生连接的结构示意图。

神经元在结构上由细胞体、树突、轴突和

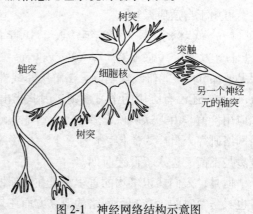

图 2-1　神经网络结构示意图

突触四部分组成。细胞体由细胞核、细胞质和细胞膜等组成。树突是精致的管状延伸物，是细胞体向外延伸出的许多较短的分支，围绕细胞体形成灌木丛状。他们的作用是接受来自四面八方传入的神经冲击信息，相当于细胞的"输入端"。信息流从树突出发，经过细胞体，然后由轴突传出。轴突是由细胞体向外伸出的最长的一条分支，形成一条通路，信号能经过此通路从细胞体长距离地传送到脑神经系统的其他部分，其相当于细胞的"输出端"。突触是神经元之间通过一个神经元的轴突末梢和其他神经元的细胞体或树突进行通信连接，这种连接相当于神经元之间的输入输出的接口。

2.3.2 人工神经元模型

现在人们提出的神经元模型有很多，其中最早提出并且影响较大的是 1943 年心理学家 McCulloch 和数学家 W. Pitts 在分析总结神经元基本特性的基础上首先提出的 MP 模型。该模型经过不断改进后，形成现在广泛应用的 BP 神经元模型。人工神经元模型是由大量处理单元广泛互连而成的网络，是人脑的抽象、简化、模拟，反映人脑的基本特性。一般来讲，作为人工神经元模型应具备三个要素：

（1）具有一组突触或连接。常用 w_{ij} 表示神经元 i 和神经元 j 之间的连接强度，或称为权值。与人脑神经元不同，人工神经元权值的取值可在负值和正值之间。

（2）具有反映生物神经元时空整合功能的输入信号累加器。

（3）具有一个激励函数用于限制神经元输出。激励函数将输出信号限制在一个允许范围内，使其成为有限值，通常神经元输出的扩充范围在 [0, 1] 或 [-1, 1] 之间。

一个典型的人工神经元网络模型如图 2-2 所示。

其中，$x_j(j = 1, 2, \cdots, N)$ 为神经元 i 的输入信号；w_{ij} 为连接权；u_i 是由输入信号线性组合后的输出，是神经元 i 的净输入；θ_i 为神经元的阈值；v_i 为经偏差调整后的值，也称为神经元的局部感应区。

$$u_i = \sum_{j=1}^{N} w_{ij} x_j \tag{2-1}$$

$$v_i = u_i + \theta_i \tag{2-2}$$

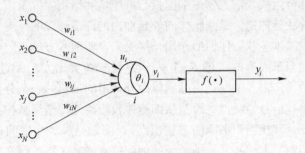

图 2-2 人工神经元网络模型

$f(\cdot)$ 是激励函数；y_i 是神经元 i 的输出。

$$y_i = f(\sum_{j=1}^{N} w_{ij}x_j + \theta_i) \tag{2-3}$$

激励函数 $f(\cdot)$ 可取不同的函数，但常用的基本激励函数有以下三种：

（1）阈值函数。

$$f(t) = \begin{cases} 1 & 若 \ t \geqslant 0 \\ 0 & 若 \ t < 0 \end{cases} \tag{2-4}$$

该函数称为阶跃函数，如图 2-3（a）所示，如果激励函数采用阶跃函数，则图 2-2 所示的人工神经元模型即 MP 模型。此时神经元的输出取 1 或 0，反映了神经元的兴奋或抑制。通常符号函数 Sgn（t）也作为神经元的激励函数，如图 2-3（b）所示。

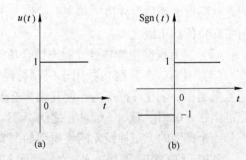

图 2-3 阶跃函数（a）与符号函数（b）

$$Sgn(t) = \begin{cases} 1 & t \geqslant 0 \\ -1 & t < 0 \end{cases} \tag{2-5}$$

（2）分段线性函数。

$$f(\nu) = \begin{cases} 1 & t \geqslant 1 \\ \nu & -1 < t < 1 \\ -1 & t \leqslant -1 \end{cases} \qquad (2\text{-}6)$$

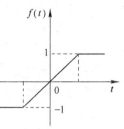

该函数在 [-1, 1] 线性区内的放大系数是一致的, 如图 2-4 所示。这种形式的激励函数可看作是非线性放大器的近似。

(3) Sigmoid 函数。Sigmoid 函数又称为 S 型函数, 是人工神经网络中最常用的激励函数。S 型函数的数学表达式如下:

$$f(t) = \frac{1}{1 + \exp(-at)} \qquad (2\text{-}7)$$

图 2-4 分段线性函数

其中, a 为 Sigmoid 函数的斜率参数, 通过改变参数, 会获取不同斜率的 Sigmoid 函数, 如图 2-5 所示。

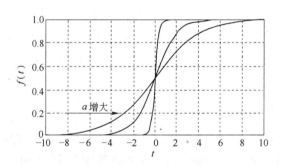

图 2-5 Sigmoid 函数

2.4 神经网络基本概念

2.4.1 典型的神经网络结构

网络的拓扑结构是神经网络的重要特性, 神经网络的各种模型层出不穷, 但总的来说, 大致可以归结为以下几类[23]:

(1) 前馈式网络。该种网络结构是分层排列的, 每一层的神经元输出只和下一层神经元相连。这种网络结构特别适用于 BP 算法，如今已得到了非常广泛的应用。

（2）输出反馈的前馈式网络。该种网络结构与前馈式网络的不同之处在于这种网络存在着一个从输出层到输入层的反馈回路，该种网络结构适用于顺序型的模式识别问题，如 Fukushima 所提出的网络模型结构。

（3）前馈式内层互联网络。该种网络结构中，同一层之间存在着相互关联，神经元之间有相互制约的关系，但从层与层之间的关系来看还是前馈式的网络结构，许多自组织神经网络大多具有这种结构，如 ART 网络等。

（4）反馈型全互联网络。在该种网络中，每个神经元的输出都和其他神经元相连，从而形成了动态的反馈关系，如 Hopfield 网络，该种网络结构具有关于能量函数的自寻优能力。

（5）反馈型局部互联网络。该种网络中，每个神经元只和其周围若干层的神经元发生互连关系，形成局部反馈，从整体上看是一种网格状结构，如 L. O. Chua 细胞神经网络。该种网络结构特别适合于图像信息的加工和处理。

2.4.2 学习方式

通过向环境学习获取知识并改进自身性能是神经网络的一个重要特点，在一般情况下，性能的改善是按某种预定的度量通过调节自身参数（如权值）随时间推移逐步达到的，学习方式（按环境所提供信息的多少分）有监督学习、非监督学习和再励学习三种方式[24]。

（1）监督学习（有教师学习）。如图 2-6 所示，这种学习方式需要外界存在一个"教师"，它可对一组给定输入提供应有的输出结果（正确答案）。这组已知的输入-输出数据称为训练样本集。学习系统可根据已知输出与实际输出之间的差值（误差信号）来调节系统参数。

（2）非监督学习（无教师学习）。如图 2-7 所示，非监督学习时不存在外部教师，学习系统完全按照环境所提供的数据的某些统计规律来调节自身参数或结构（这是一种自组织过程），以表示外部输入的某种固定特征（如聚类，或某种统计上的分布特征）。

（3）再励学习（或强化学习）。如图 2-8 所示，这种学习介于上述两种情况之间，外部环境对系统输出结果只给出评价（奖或惩）而不是给出正确答案，学习系统通过强化那些受奖励的动作来改善自身性能。

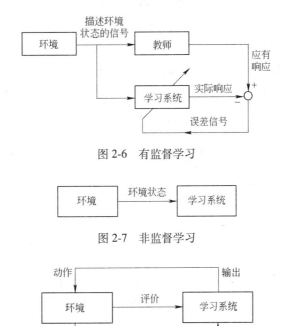

图 2-6 有监督学习

图 2-7 非监督学习

图 2-8 再励学习

2.4.3 学习算法

2.4.3.1 误差纠正算法

令 $y_k(n)$ 为输入 $x(n)$ 时神经元 k 在 n 时刻的实际输出，$d_k(n)$ 表示相应的输出（可由训练样本给出），则误差信号可写为：

$$e_k(n) = d_k(n) - y_k(n) \tag{2-8}$$

误差纠正学习的最终目的是使某一基于 $e_k(n)$ 的目标函数达最小，以使网络中每一输出单元的实际输出在某种统计意义上最逼近于应有输出。一旦选定了目标函数形式，误差纠正学习就成为一个典型的最优化问题，常用的目标函数是均方误差判据，定义为：

$$J = E\left[\frac{1}{2}\sum_k e_k^2(n)\right] \qquad (2\text{-}9)$$

其中，E 是求期望算子，式（2-9）的前提是被学习的过程是宽平稳的，具体方法可用最陡梯度下降法。直接用 J 作为目标函数时，需要知道整个过程的统计特性，为解决这一困难，通常用在时刻 n 的瞬时值 $\varepsilon(n)$ 代替 J，即：

$$\varepsilon(n) = \frac{1}{2}\sum_k e_k^2(n) \qquad (2\text{-}10)$$

问题变为求 $\varepsilon(n)$ 对权值 w 得极小值，据最陡梯度下降法可得：

$$\Delta w_{kj}(n) = \eta e_k(n) x_j(n) \qquad (2\text{-}11)$$

其中，η 为学习步长，这就是通常说的误差纠正学习规则（或称 delta 规则）。

2.4.3.2　Hebb 学习

神经心理学家 Hebb 提出的学习规则可归结为"当某一突触（连接）两端的神经元的激活同步（同为激活或同为抑制）时，该连接的强度应增强，反之则减弱"。用数学方式可描述为：

$$\Delta w_{kj}(n) = F(y_k(n),\ x_j(n)) \qquad (2\text{-}12)$$

式中，$y_k(n)$，$x_j(n)$ 分别为 w_{kj} 两端神经元的状态。其中最常用的一种情况为：

$$\Delta w_{kj}(n) = \eta y_k(n) x_j(n) \qquad (2\text{-}13)$$

2.4.3.3　竞争学习

顾名思义，在竞争学习时网络各输出单元互相竞争，最后达到只有一个最强者激活。最常见的一种情况是输出神经元之间有侧向抑制性连接，这样众多输出单元中如有某一单元较强，则它将获胜并抑制其他单元，最后只有比较强者处于激活状态。最常用的竞争学习规则可写为：

$$\Delta w_{kj}(n) = \begin{cases} \eta(x_j - w_{ji}) & \text{若神经元 } j \text{ 竞争获胜} \\ 0 & \text{若神经元 } j \text{ 竞争失败} \end{cases} \tag{2-14}$$

2.4.4 BP 神经网络

BP 网络是基于 BP（back propagation）误差反向传播算法的多层前馈神经网络，1986 年由 D. E. Rumelhart 等人提出[25]。每个神经元只前馈到其下一层的所有神经元，没有层内联结、各层联结和反馈联结。采用 Sigmoid 型传递函数。

2.4.4.1 BP 网络结构

BP 网络是基于 BP 误差传播算法的多层前馈网络，多层 BP 网络不仅有输入节点、输出节点，而且还有一层或多层隐含节点。三层 BP 网络的拓扑结构如图 2-9 所示，包括输入层、输出层和一个隐含层。各神经元与下一个层所有的神经元联结，同层各神经元之间无联结，用箭头表示信息的流动。

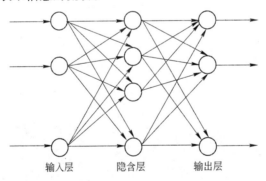

图 2-9　三层 BP 网络的拓扑结构

2.4.4.2 BP 网络的学习过程

BP 网络的产生归功于 BP 算法的获得，BP 算法属于 δ 算法，是一种监督式的学习算法。其主要思想为：对于 q 个输入学习样本：P^1，P^2，$\cdots$，P^q，已知与其对应有输出样本为：T^1，T^2，$\cdots$，T^n。学习的目的是用网络的实际输出 A^1, A^2, …, A^n 与目标矢量 T^1, T^2, …, T^n 之间的误差来修改其权值, 使用与期望的 T 尽可能接近。其算法流程如图 2-10 所示。

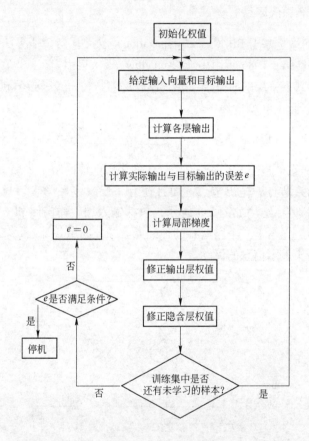

图 2-10　BP 算法框图

BP 算法是由两部分组成[26]: 信息的正向传递与误差的反向传播。在正向传播过程中, 输入信息从输入经隐含层逐层计算传向输出层, 每一层神经元的状态只影响下一层神经元的状态。如果在输出层没有得到期望输出, 则计算输出层的误差变化值, 然后转向反向传播。通过网络将误差信号沿原来的连接通路反向传回来修改各神经元的权值直至达到期望目标。

图 2-11 为 BP 神经网络模型的结构图[27]。

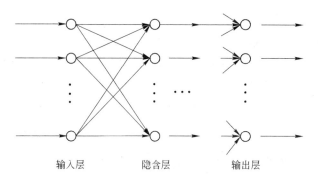

图 2-11 BP 神经网络模型结构

人工神经网络要想进行运行和工作，首先要按照一定的学习准则进行训练和学习[28]。例如，BP 神经网络要对 "A" 和 "B" 这两个字母进行识别，规定当 "A" 输入该网络时，应该输出 01；而当 "B" 输入该网络时，应该输出为 10。

如果神经网络作出错误的判决，则会通过该网络自主学习，使得网络减少下次犯同样错误的可能性。首先，给网络的各连接权值赋予（0，1）区间内的随机值，将 "A" 所对应的图像模式通过输入点输送给网络，网络会自动地将输入模式加权求和，再进行非线性运算，得到网络的输出。在此情况下，网络输出是完全随机的，也就是说输出的结果为 01 和 10 的概率各为 50%。这时如果输出为 10，也就是错误结果，则把网络连接权值朝着减小综合输入加权值的方向调整，其目的在于使神经网络下次再遇到 "A" 输入时，减小犯同样错误的可能性。如果输出为 01，也就是正确的结果，那么就会使连接权值增大，以便使网络再次遇到 "A" 输入时，仍然能做出正确的判断。

不断地给 BP 神经网络输入 "A" 和 "B" 时，也就是 BP 神经网络按上述的学习法则进行无数次地学习训练后，网络的判断正确率将会大大地提高。此时 BP 神经网络对模式识别的训练学习已经获得了成功，它已经将这两个模式并行地、分布地记忆在神经网络的各个连接权值上，这就是神经网络强大的并行式、鲁棒性的功能。而当该训练好的网络再次遇到其中的任何一个模式时，就能够准确地做出判断和识别。

BP 算法的基本步骤如下：

第一步：首先将 BP 神经网络进行初始化，确定各层节点的个数，然后给所有的权值和阈值赋以（0，1）上分布的较小的随机数；

第二步：确定输入量，制定出输出层各神经元的目标输出值 M_1，M_2，M_3，…，M_n，对每一个样本进行学习，对网络进行输入和输出：

$$M_j = \begin{cases} 1 & x \text{ 属于第 } j \text{ 类} \\ 0 & x \text{ 不属于第 } j \text{ 类} \end{cases} \quad j = 1, 2, \cdots, n \quad (2\text{-}15)$$

第三步：计算出各个神经元的实际输出为 $(y_1, y_2, \cdots, y_m)$，公式如下：

$$y_j = f(net_j) = \frac{1}{1 + e^{\frac{net_j + h_j}{\theta_0}}} \quad (2\text{-}16)$$

第四步：通过误差反向传播修正每一权值，从最后一层开始反方向往前推进一直达到第一层的隐含层，其中递推公式为 $W_{ji}(t + 1) = W_{ji}(t) + \eta \delta_j y_i$，在这个公式中，$W_{ji}(t)$ 是在 t 时刻从神经元 i（输入层神经元或隐含层神经元）到上一层的神经元 j（隐含层神经元或输出层神经元）的连接权值；y_i 是神经元 i 在 t 时刻的实际输出；η 是步长调整因子，并且 $0 < \eta < 1$；δ_j 为隐含层误差反传信号。如果神经元 j 是输出层的一个神经元，那么，$\delta_j = y_j(1 - y_j) \sum_k \delta_k w_{kj}$，在式（2-16）中，$y_j$ 是神经元 j 在 t 时刻的实际输出，k 是神经元 j 的高一层的神经元的编号，δ_k 为输出层误差反传信号。如果连接权值按照下面的方式进行修正，收敛会更快一些，连接权值会平滑地变化，即 $w_{ji}(t + 1) = w_{ji}(t) + n \delta_j y_i + a[w_{ji}(t) - w_{ji}(t - 1)]$，在此公式中 $0 < a < 1$，若把神经元的阈值当成一个权值，那么相应的输入模式一个分量，则阈值可以用调整权值的方法进行调整。

第五步：跳转到第二步，如此不断地循环，直到权值达到稳定状态为止。

2.5 人工神经网络的技术特性及优势

由于人工神经网络是模拟生物脑神经网络系统而构建出来的，因此它具有以下固有的特性[29]：

（1）人工神经网络具有较强的大规模数据同时进行计算和信息辨别处理的功能。

（2）人工神经网络具有大范围的广泛进行信息储存的功能、强大的信息记忆功能和鲁棒性功能。

（3）人工神经网络是规模较大的非线性系统，因此它不会受到多重共线性的影响。

（4）人工神经网络具有强大的拓扑结构以及含有巨量的处理单元和超巨量的连接关系，能够形成高度的冗余，具有很强的容错能力和联想能力。由于人工神经网络提供了大量的可供调节的变量，因而具有广泛的应用领域。

（5）人工神经网络原则上是一种非编程式的信息存储和处理系统，它是按照范例进行学习并通过并行计算来解决各种问题的，因而特别适用于模式识别和优化计算。

人工神经网络除了具有以上固有的特性之外，它还在分类预测、模式识别等方面具有一些传统的统计方法无法比拟的优势：

（1）对数据的非正态分布、非线性问题，神经网络可以有效地对其进行解决，因此它对样本数据没有严格的假设要求。

（2）神经网络能够以任意精度逼近任何非线性函数，并且能够较好地对模式进行识别，因此神经网络更适合构建复杂的非线性系统，并且不会受到多重共线性的影响。

（3）人工神经网络可以不完全依据对问题的规则和经验知识进行求解，因此这对于弱化权重确定中的人为因素是十分有益的。

基于人工神经网络上述的特性及技术优势，人工神经网络技术在分类预测、模式识别、信息处理众多领域被广泛地运用。

3 模 糊 数 学

3.1 模糊数学的发展

集合论是在 19 世纪创立起来的，是在 1875 年由 Gearge Centor 建立的，它的建立为其他数学奠定了基础。首先，我们对集合进行定义：所谓集合是指某种特定属性的对象的集合[30]。所谓元素是指集合中各个对象，但是元素与域上的事物存在着一一对应的关系，而且这样的关系是尤其一定的，这样的一定是指只是存在着属于及不属于的关系。以上的传统的集合理论定义是所有精确数学创立的基石，人们对于事物的研究关系只存在两种关系，即属于和不属于，不存在其他关系，决不允许模棱两可，而且不存在任何模糊的概念。那么，现在我们对于这样一个描述，一个事物对于一个集合而言只能有属于和不属于的关系怎样用逻辑语言表达。我们可以取 {0，1}，之中，若是 0，表达了属于，但是若是 1，则表达了不属于。那么，要确定这个事物是否属于这个集合，集合的外延是一定确定的。由此，可以看到 Centor 的传统的集合论只是表达了属于和不属于的状态，但是它不能表达属于这个也可以属于那个的状态。这种集合理论是通过对事实事物的抽象概括而建立起来的。在 19 世纪，英国的 Beel 等人在这个理论的基础上提出了 Bool 代数，他们的提出对以后计算机的发展起着重要的作用，这些理论有着很强的科学研究价值和使用价值。可是等到后来随着著名的科学家罗素（Ruseel）"理发师论"、"秃头论"、"克利岛人说谎论" 等这些理论的提出是没有办法用以上的逻辑理论来解释。

经典数学无疑是以它的精确性著称，然而现实世界是复杂的。许多事物在数量上既有精确的一面，又有模糊的一面。例如，平台环境荷载大小、约束的情况，平台质量的评定等，都带有一定的模糊性。模糊数学就是用数学方法研究和处理具有"模糊性"现象的数学分支。模糊性的产生源于模糊概念，所谓模糊概念是指有一定内涵但没有明确外延的概念。模糊性就是指客观事物差异的不分明性。人们不能为迁就现有的数学方法而改变由这些学科的特点决定的客观规律，而只能改造数学，使它的应用面更为广泛，模糊数学就是在这样的背景下形成的。模糊数学诞生于 1965 年，它的创始人是美国自动控制专家查德（L. Zedeh）教授。他在第一篇论文"模糊集合"（Fuzzy Set）中，建立了模糊集合论[31]，定义了模糊的概念："所谓模糊，是指边界不清楚，即在质上没有确切的定义，在量上没有明确的界限"。引入了"隶属函数"这个概念来描述差异的中间过渡，这是精确性对模糊性的一种逼近。隶属函数的引入标志着模糊数学的建立，因为它是描述模糊性的关键。查德教授首次成功地运用了数学方法描述模糊概念，这无疑是一项开创性的工作。普通集合与特征函数可以互相唯一确定，它表现了概念"非此即彼"的现象。但是现实世界中的许多概念并非都是有"非此即彼"性，而是存在着"亦此亦彼"性。这种概念的"亦此亦彼"性，用普通集合去刻画是很困难的，因为它们是模糊概念。模糊集合是普通集合的推广，而普通集合是模糊集合的特殊情形。

L. Zadeh 教授最重要的成就就是把数学中融合了模糊性。把生活中由于各种原因没有办法用传统的方法表述的模糊事物用数学的方法精确地表达出来，这就是模糊数学，并不是把所有的确定的数把它给模糊化了。在实际生活中，我们都没有办法取得最精确的数字，一般只有把不确定的模糊状态降低到最可能的程度就可以了。

L. Zadeh 教授观点的提出是利用人们能对不确定的现象的判断和了解来处理该问题的方法并结合数学的方法为计算机提供了一种类似于人脑的思维方法，对模糊性进行分析，并不是让数学抛弃了严格。模糊数学的发展和计算机的发展相互影响，模糊数学大大加速了计算机的进一步的提高。

随着现代工业的发展，模糊数学为经典数学很难深入的软科学领域里的定量化提供了数学语言和定量分法。可以断言，模糊数学在优化、决策、控制、人工智能和较科学等领域中将发挥越来越大的作用。与此同时，计算机的发展更突出了事物精确性与复杂性之间的矛盾。模糊数学从它诞生之日起便和计算机的发展息息相关，相辅相成。利用模糊数学来构造数学模型，编制计算机程序，可以更广泛、更深入地提高计算机"智力"，使它能够更全面地模拟人脑的思维方式，对复杂系统进行识别和做出判断，形成更加灵活快捷的处理手段去应付多变的环境。

3.2 模 糊 集

3.2.1 模糊集合的相关概念

模糊概念我们不能用传统的集合论来定义，因为在传统的集合论中，一个元素要么属于、要么不属于该集合，所以我们怎么样来描述呢，一般要描述模糊概念先要拓广传统集合[32,33]。模糊集可以用来描述事物的不确定性和模糊性，为无法精确量化的问题提供了很好的解决方案。

模糊集理论的最重要的特性就是存在着差别的中间过渡地带，有一个模糊集 L，它的域是 X，该集是属于个别的或者某几个属性的对象，而该集合的属性程度用一个隶属函数表示，隶属度是 $[0,1]$ 上的任何一个数分派给 x 隶属函数就用 $n_k(x)(x \in X)$ 来表示。

3.2.2 模糊子集的定义

给定论域 U，则对于 U 的一个模糊子集 A，它是 U 到 $[0,1]$ 闭区间的映射 μ_A

$$\mu_A: U \to [0,1]$$
$$u \to \mu_A(u) \tag{3-1}$$

其中，μ_A 称为模糊子集 A 的隶属函数，$\mu_A(u)$ 称为对 A 隶属度。

由上述定义可以得出在论域 U 上的模糊子集 A 是由其隶属函数完全来表征和描述的，$\mu_A(u)$ 的取值区间为 $[0,1]$，它的大小反映

了 u 对 A 的隶属程度，特别是 $\mu_A(u) \in \{0, 1\}$ 时，$\mu_A(u)$ 便化为一个经典集合的特征函数。

3.2.3 截集

截集概念是连通模糊集合和经典集合之间的纽带，在进行模糊计算解决实际问题时，时常需要将模糊集合转化为经典集合。我们通常利用 λ 水平截集将模糊集合转变为经典集合，这种方法即是取一给定的 λ 值，当元素 u 对于模糊子集 A 的隶属度达到或者超过值 λ 时就算做 A 的成员，此时模糊集合 A 变成了经典集合 A_λ。[34]

3.3 模糊数学模型

模糊优化数学模型有对称性和非对称性两种。

3.3.1 对称性模糊优化数学模型

1970 年，Bellman 和 Zadeh 最早提出了对称型模糊优化数学模型[35]。其形式为：在论域 U 上，给出模糊目标集 $F(X)$，模糊约束 $C_m(m = 1, 2, \cdots, J)$，求 X^*，使：

$$\mu_D(X^*) = \max\mu_D(X) = \max\{\mu F(X) \wedge (\bigwedge_{m=1}^{J} \mu C_m(X))\} \quad (3\text{-}2)$$

由上式可以看出，具有同等地位和作用的目标函数和所有的约束条件在对称性模糊优化问题中存在一个清晰解，此清晰解是模糊目标集与模糊约束集的交集中的一个点集，它使得目标函数和约束条件两者同时得到最大程度的满足[36~40]。

对称性模糊优化模型中目标函数和约束条件都是模糊的。但实际问题中的目标函数 $F(x)$ 往往是非模糊的。因此，为了解决非模糊目标函数 $F(x)$ 在模糊约束条件下的优化问题，L. Zadeh 引进了函数 $F(x)$ 的模糊极大集和模糊极小集的概念。

设 $F: U \rightarrow R$ 为论域 U 上的有界实值函数，记：

$$M = \max_{x \in U} F(x) \quad (3\text{-}3)$$

$$m = \min_{x \in U} F(x) \quad (3\text{-}4)$$

定义 $F(x)$ 在论域 U 上的模糊极大集 M_f，其隶属函数为：

$$M_f(x) = \frac{F(x) - m}{M - m} x \in U \tag{3-5}$$

定义 $F(x)$ 在论域 U 上的模糊极小集 m_f，其隶属函数为：

$$m_f(x) = \frac{M - F(x)}{M - m} x \in U \tag{3-6}$$

由上式可知，函数 $F(x)$ 经过一定的线性变换得到模糊极大集 M_f，函数 $F(x)$ 的极小值点和极大值点对模糊极大集 M_f 的隶属度分别为 0 和 1。

M_f 具有函数 $F(x)$ 的保序性质，即：

$$F(x_1) \geqslant F(x_2) \Leftrightarrow M_f(x_1) \geqslant M_f(x_2) \quad x_1, x_2 \in U \tag{3-7}$$

对于 $\forall x \in U$，$M_f(x) + m_f(x) = 1$，即模糊极小集是模糊极大集的补集。

求解非模糊目标函数 $F(x)$ 在模糊约束条件 C 下的对称性模糊优化问题的解法主要有以下 3 个步骤：

（1）求目标函数 $F(x)$ 的模糊目标集（模糊极大集 M_f 或者模糊极小集 m_f）。

（2）求出模糊判决集 $D_f =$，$M_f \cap C$（或者 $D_f = m_f \cap C$）。

（3）按最大隶属度原则求 $x^* \in U$，使其满足：

$$D_f(x^*) = \max(\min)\{D_f(x) \mid x \in U\} \tag{3-8}$$

x^* 就是所求的条件极大值点或极小值点，$F(x^*)$ 即是目标函数 $F(x)$ 在模糊约束条件 C 下的极值。

3.3.2　非对称性模糊优化数学模型

求解非对称性模糊优化问题时，满足约束条件是求解的前提，在此基础上寻求目标函数的最优解。

常规化非对称性数学模型表达式为：

$$\begin{cases} x = (x_1, x_2, \cdots, x_n)^T \\ \min\limits_{x \in U} F(x) \ x \in U \\ \text{s. t. } C_m(x) \leqslant 0 \ m = 1, 2, \cdots, J \end{cases} \tag{3-9}$$

式中，$C_m(x)$ 为约束方程。对于强度条件，有 $\sigma(x) \leqslant [\sigma]$。一般的工程问题中，可用集合形式来表示满足约束条件 $C_m(x) \leqslant 0$，即 $C_m(x)$ 表示位移、应力、频率或挠度、尺寸等物理量 u、σ_x、f、d；

从而式（3-9）也可写成：

$$\begin{cases} x = (x_1, \ x_2, \cdots, \ x_n)^{\mathrm{T}} \\ \min F(x) \\ \text{s. t. } g_m(x) \in G_m \ m = 1, \ 2, \cdots, \ J \end{cases} \quad (3\text{-}10)$$

当考虑模糊因素时，约束条件为：

$$g_m(X) \subset G_m \ m = 1, \ 2, \cdots, \ J \quad (3\text{-}11)$$

从而得到非对称性模糊优化问题数学模型为：

$$\begin{cases} x = (x_1, \ x_2, \cdots, \ x_n)^{\mathrm{T}} \\ \min F(x) \\ \text{s. t. } g_m(x) \subset G_m \ m = 1, \ 2, \cdots, \ J \end{cases} \quad (3\text{-}12)$$

3.3.3 水平截集法

对于非对称模糊优化数学模型，可用水平截集法对其求解。对于普通模糊约束而言，把确定物理量 g 对模糊允许区间 G_m 的隶属度 $\mu_{G_m}(g)$ 作为该物理量对该模糊约束的"满足度"。$\mu_{G_m}(g) = 0$ 时，该约束未得到满足，$\mu_{G_m}(g) = 1$ 时，该约束得到严格满足 $0 < \mu_{G_m}(g) < 1$ 时，该约束部分得到满足。

用 a_m 表示 g 对模糊约束的满足度，记为：

$$a_m = \mu_{G_m}(g) \quad (3\text{-}13)$$

在模糊允许区间 G_m 中，隶属度 $\mu_{G_m}(g) \geqslant \lambda$ 的区间构成实数论域上的 λ 水平截集：

$$G_\lambda = \{g \mid \mu_G(g) \geqslant \lambda\} \quad (3\text{-}14)$$

对于不同的两个 λ 水平截集，根据式（3-14）显然有如下关系：

$$\lambda_1 \leqslant \lambda_2 \Rightarrow G_{\lambda_1} \supseteq G_{\lambda_2} \quad (3\text{-}15)$$

由式（3-15）可以看出，λ 值越小，G_λ 包括的范围就越大。当 $\lambda = 0$ 时，G_0 就是最松的允许范围；当 $\lambda = 1$，G_1 就是最严的允许范围。在实际工程应用中，λ 具有"设防水平"的含义，不同的设防水平又对应不同的设计方案 x_λ ，在所有求得的方案中必然存在一个最优 λ^* ，与之相应的水平截集：

$$G_{m\lambda^*} = \{g \mid \mu_{G_m}(g) \geqslant \lambda^*\} \quad m = 1, 2, \cdots, J \quad (3\text{-}16)$$

$G_{m\lambda^*}$ 称为最优水平截集。于是问题转化为求解最优水平截集上的常规优化问题[41]，即求：

$$\begin{cases} x = (x_1, x_2, \cdots, x_n)^{\mathrm{T}} \\ \min F(x) \\ \text{s. t } a_m = \mu_{G_m}(g) \geqslant \lambda^* \quad m = 1, 2, \cdots, J \end{cases} \quad (3\text{-}17)$$

3.3.4　水平截集法的改进

在对现有模糊优化水平截集法的分析研究之后，发现最优水平截集法的缺点是它不能够处理不同约束之间的重要程度，它往往会因为约束条件中的一个或者多个约束要求严格而不得不对所有的约束条件都采用较高的水平值，这样做的后果就是在实际工程优化求解过程中可能漏掉更佳的设计方案[42]。故此应根据约束性质及其要求程度的不同，对约束进行分类处理，选取不同的设计水平值 λ_1 ，最终求得一组满足各种约束条件不同程度约束要求的 λ_1^* ，从而获得更加接近工程实际的设计方案。利用这种思想，在原有水平截集法的基础上进行改进，从而得到一种能够优化处理相对重要的约束和边界条件，并且计算速度更快的改进的水平截集方法。在这种改进的水平截集法中，原模糊优化数学模型中的约束条件可处理为：

$$\mu_{G_m}(g) \geqslant \lambda_n^* \quad (3\text{-}18)$$

式中, n 为各种不同种类约束的分类数。

由上述分析可知，求解模糊数学问题的关键是找出最优水平截集值 λ^* 。求解最优水平值的方法有规划法和模糊综合评判法，下文将着重介绍如何利用二级模糊综合评判方法求解最优水平值 λ^* 。

3.3.5　基于二级模糊评判理论确定最优水平值 λ^* 的方法

影响最优水平值 λ^* 的因素很多，对于机械工程而言，设计水平、制造水平、材料性能、工作环境因素在实际工程问题中都包含有不同程度的模糊信息，并且每个模糊因素对 λ^* 的影响程度也不尽相同。尽管如此，利用二级模糊综合评判确定最优水平值的主要步骤却是相同的[43]：

（1）建立因素集及其等级集。设影响 λ^* 值的因素集为 $U = \{u_1, u_2, L, u_n\}$，其中，$u_i(i = 1, 2, L, n)$ 代表第 i 个影响因素。根据因素的性质及其影响程度，把各个因素分为若干个因素等级 $u_i = \{u_{i1}, u_{i2}, L, u_{in}\}$，其中，$u_{ij}(i = 1, 2, L, m; j = 1, 2, L, n)$ 代表第 i 个因素的第 j 个等级。

（2）建立各个因素的权重集及其等级的权重集。权值既可由人们根据实际情况主观地确定，也可按一些数学方法进行确定，这些方法主要有统计法和试探法，而统计法又分为算术平均法和频数统计法。在因素集中，不同因素相对于评判对象的重要程度不同，为准确反映各因素集因素等级对评判对象的影响，应赋予各因素一个相应的权重 $w_i(i = 1, 2, \cdots, n)$，由各因素权重所组成的集合：

$$W = (w_1, w_2, L, w_n) \tag{3-19}$$

称为因素权重集。各因素权重应满足归一性和非负性条件。

用 $\mu_{ij}(i = 1, 2, L, m; j = 1, 2, L, n)$ 表示第 i 个因素的第 j 个等级对该因素的隶属度，用式（3-20）对 μ_{ij} 进行归一化：

$$w_{ij} = \mu_{ij} / \sum_{j=1}^{n} \mu_{ij} \tag{3-20}$$

w_{ij} 即为该等级权重，由此可以求得第 i 个因素的等级权重集：

$$w_i = (w_{i1}, w_{i2}, L, w_{in}) \tag{3-21}$$

（3）确定备择集。首先给定评判者对评判对象可能做出的各种评判结果，然后以此初步的评判结果组成评判对象的备择集。将水平值 λ 在 [0, 1] 区间离散，得由各离散值 $\lambda_i(i = 1, 2, L, p)$ 组成的备择集如下：

$$\lambda = (\lambda_1, \lambda_2, L, \lambda_p) \tag{3-22}$$

评判对象的最优水平值 λ^* 就包含在式（3-22）给出的备择集 λ 中。

（4）一级模糊综合评判。建立单因素评判矩阵 $\boldsymbol{R}_i$：

·38·　3　模糊数学

$$R_i = \begin{bmatrix} r_{i11} & r_{i12} & L & r_{i1p} \\ r_{i21} & r_{i22} & L & r_{i2p} \\ \cdots & \cdots & \cdots & \cdots \\ r_{m1} & r_{m2} & L & r_{mp} \end{bmatrix} \tag{3-23}$$

其中，$r_{ijk}(i = 1, 2, L, m; j = 1, 2, L, p)$ 表示按因素集中第 i 个元素的第 j 个因素等级进行评判，所得到的对备择集中第 k 个元素的隶属度。

一级模糊综合评判由式（3-24）可得：

$$B_i = w_i . R_i = (b_{i1}, b_{i2}, L, b_{ip}) \tag{3-24}$$

因素等级综合评判矩阵为：

$$R = \begin{bmatrix} B_1 \\ B_2 \\ B_3 \\ B_4 \end{bmatrix} = \begin{bmatrix} b_{11} & b_{12} & L & b_{1p} \\ b_{21} & b_{22} & L & b_{2p} \\ \cdots & \cdots & \cdots & \cdots \\ b_{m1} & b_{m2} & L & b_{mp} \end{bmatrix} \tag{3-25}$$

（5）二级模糊综合评判。进行二级模糊综合评判，得因素综合评判集为：

$$B = W \cdot R = (b_1, b_2, L, b_p) \tag{3-26}$$

其中，$b_i(i = 1, 2, L, p)$ 为二级模糊综合评判指标。

（6）最优水平值 λ^* 的确定。最优水平值 λ^* 的确定采用加权平均法。以 b_k 作为各个水平值的权重，得到求解最优水平值 λ^* 的计算公式如下：

$$\lambda^* = \sum_{i=1}^{p} (b_i \lambda_i) \bigg/ \sum_{i=1}^{p} b_i \tag{3-27}$$

4 多目标优化

4.1 多目标优化问题概述

现实世界中大多数优化问题都涉及多个目标，并且大多数情况下这些目标不可比，它们的数值不能直接进行优劣关系的比较；另外，目标之间经常是相互冲突的，在不降低一种目标值的情况下，不能任意提高其他目标的性能，而只能在各个目标之间取均衡后的结果。例如投资问题，一般希望所要投入的资金最少、风险最小化、所得的投资收益最大，这种多个数值目标在给定区域上的最优化问题就是多目标优化问题（multi-objective optimization problem）。

多目标优化是近 30 年来迅速发展起来的一门新兴学科，属于应用型基础学科，有着重要和广泛的应用价值。随着理论研究的不断深入，其应用范围日益广泛，已经涉及过程控制、航空航天、人工智能、计算科学及许多实际复杂系统的设计、建模和规划问题等诸多领域。

解决多目标问题的最终手段是在各个目标之间进行协调权衡和折中处理。求解多目标问题的传统方法是将多目标优化问题转为单目标优化问题，再利用经典方法求解。这样求出的单目标优化问题的解近似对应于多目标优化问题的 Pareto 最优解集。这类方法的关键技术是如何将多目标问题转为单目标问题。常用的传统的转化方法有线性加权法、约束法、目标规划法、极大极小法等。在这些传统方法中，一些成熟的单目标优化技术可以直接被利用，这使得传统方法有一定的吸引力和优越性，这也是传统方法一度很流行的主要原因。但是传统方法存在一些局限性，这些局限性主要包括以下几点：

（1）一些古典方法如加权法在求解多目标优化问题时，对 Pareto 最优前沿的形状很敏感，不能很好地处理前沿的凹部。

（2）求解问题所需的与应用背景相关的启发式知识经常不能获得，导致无法正常实施优化或优化效果很差。Deb 曾研究过这些方法的一些其他潜在的问题，如使用领域范围的限制等。另外，传统方法共同存在的一个关键的致命问题就是为了获得 Pareto 最优解集必须运行多次优化过程，但是由于各次优化过程是相互独立的，因此往往得到的结果很不一致，令决策者很难有效地做出决策，并且运行的巨大时间开销也降低了求解问题的效率。

20 世纪 80 年代中期以来，演化算法开始应用于多目标优化领域并逐渐代替传统方法，为解决多目标优化问题开辟了一条新路。由于演化算法基于种群的搜索方式实现了搜索的多向性和全局性，一次计算就可以得到多个有效解集。此外，演化计算不需要许多数学上的必备条件就可以处理所有类型的目标函数和约束条件，解题的范围大大扩展；而且演化算法对目标最优均衡面的形状和连续性不敏感，可以很好地逼近非凸性或不连续的均衡面。大量事例和迹象表明演化算法的机理非常适合求解多目标优化问题，甚至有人认为，在多目标优化领域演化算法要优于其他盲目搜索方法。

虽然这种提法的严密性与最优化领域中的"没有免费的午餐（no free lunch）"定理不太吻合，但迄今为止确实还没有找到其他方法比演化算法更能有效地解决多目标优化问题。用演化算法求解多目标优化问题的方法被称为多目标演化算法（multi-objective evolutionary algorithms，MOEAs）。目前，多目标演化算法已经成为进化算法应用研究的热点之一。

自从 1967 年 Rosenberg 在其博士学位论文中提出可用遗传搜索算法来求解多目标的优化问题以来，有关这一领域的研究增长非常迅速。特别是在近十几年中，国际会议和权威期刊中有关多目标演化算法方面的论文显著增多；同时，多目标演化算法方面的会议也越来越多，声势越来越大，如 Evolutionary Multi-Criterion Optimization（EMO）、Proceedings of the Genetic and Evolutionary Computation Conference（GECCO）、Congress on Evolutionary Computation（CEC）等。该领域走在前列的国家和地区有美国、印度、墨西哥和欧洲等。

4.2　多目标优化的基本概念

在实际应用中常遇到需要使多个目标在给定区域上均尽可能最佳的优化问题。这种多于一个的数值目标在给定区域上的最优化问题称为多目标优化问题。多目标有时也称多准则、多属性或多指标。通常在多目标优化领域广泛采用、被普遍接受的多目标优化问题（multi-objective optimization problem，MOP）定义如下[44~47]：

（1）MOP。一般 MOP 由 n 个决策变量参数、k 个目标函数和 m 个约束条件组成，目标函数、约束条件与决策变量之间是函数关系。最优化总目标如下：

$$\text{maximize } y = f(x) = (f_1(x), f_2(x), \cdots, f_k(x))$$
$$\text{subject to } e(x) = (e_1(x), e_2(x), \cdots, e_m(x)) \leqslant 0 \tag{4-1}$$

其中
$$x = (x_1, x_2, \cdots, x_n) \in X$$
$$y = (y_1, y_2, \cdots, y_n) \in Y$$

式中　x——决策变量；

　　　y——目标向量；

　　　X——决策变量 x 形成的决策空间；

　　　Y——目标向量 y 形成的目标空间。

约束条件 $e(x) \leqslant 0$ 确定决策向量可行的取值范围。

一般多目标优化问题的目标函数为线性或者非线性性质，优化函数是将决策变量 x 映射到目标向量 y，记作 $F: \Omega \rightarrow \Lambda$。这种映射关系图形表示的一个例子如图 4-1 所示，这里假设决策变量个数 $n = 2$，无约束条件即 $m = 0$，目标函数个数 $k = 3$。

MOP 的本质在于大多数情况下各目标可能是相互冲突的，其目标的改善可能引起其他目标性能的降低，即同时使多个目标均达到最佳通常不可能，否则就是一个隐式的单目标优化问题。解决 MOP 的最终手段只能在各目标之间进行协调权衡和各种处理，使各目标函数均尽可能达到最优。

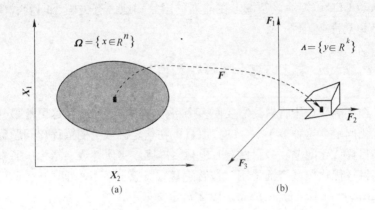

图 4-1 多目标优化的函数映射

(a) 决策向量空间; (b) 目标向量空间

(2) 可行解集。可行解集 X_f 定义为满足式 (4-1) 中约束条件 $e(x)$ 的决策变量 x 的集合, 即:

$$X_f = \{x \in X \mid e(x) \leqslant 0\} \tag{4-2}$$

X_f 的图形 (即可行区域) 所对应的目标空间表示为:

$$Y_f = f(X_f) = \bigcup_{x \in X_f} \{f(x)\} \tag{4-3}$$

式 (4-3) 的物理意义是: 对于可行解集 X_f 中的所有 x, 经优化函数映射形成目标空间中的一个子空间, 该子空间的决策变量均属可行解集。为不失一般性, 这里讨论的是极大化问题, 对于极小化问题与上述类似。假设在某产品例子中, 如果在产品的约束条件 e_1 下有性能指标 f_1 和价格指标 f_2, 优化的目的是要求在产品尺寸范围内, 在最低成本下使产品性能最佳。如果只有一个解存在, 则只需求解单目标优化问题 (SOP), 此时最优解对于所有指标均为最佳。但对 MOP 来说各指标是相互冲突的, 一个解不可能对所有指标达到最优, 这就需要在各指标之间进行均衡处理。

SOP 的可行解集完全根据目标函数 f 来确定优劣, 即对于某两个解, a, $b \in X_f$, 根据 $f(a) \geqslant f(b)$ 或 $f(a) \leqslant f(b)$ 的关系是否成立来确定, 优化的目的在于找到使 f 取极大值的解。但对 MOP 来说情况则不同, 因为一般 X_f 不是可以全部排序, 而是只能针对某指标排序,即部分排序。这种情况如图 4-2（a）所示，其中 B 点表示的解优于 C 点表示的解，因为它在较低的价格提供更好的性能；C 点和 D 点价格相同，但 C 点的性能优于 D 点。

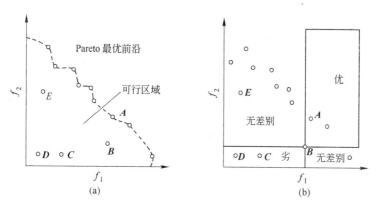

图 4-2 目标空间中的 Pareto 最优解（a）和可行解（b）之间的关系

（3）Pareto 优势。对于决策向量 a、b：

$$a \geq b \text{（}a\text{ 优于 }b\text{），当且仅当 } f(a) > f(b) \tag{4-4}$$

$$a \geq b \text{（}a\text{ 弱优于 }b\text{），当且仅当 } f(a) \geqslant f(b) \tag{4-5}$$

$$a\text{-}b \text{（}a\text{ 无差别于 }b\text{），当且仅当 } f(a) \to f(b) \wedge f(a) f(b) \tag{4-6}$$

图 4-2（b）中 C、D 点所在区域表示目标空间中劣于 B 点代表的决策向量的区域，A 点所在的矩形区域表示优于 B 点的目标向量形成的区域，除此之外的所有区域表示与 B 点表示的解是无差别关系。

基于 Pareto 优势，可引出 MOP 最优解的判据。仍以图 4-2 为例，A 点在 B、C、D、E 中是最佳的，因为与其相关的决策向量 a 不劣于其他决策向量，这意味着 a 不能再提高任何性能指标，否则就会引起至少一项其他指标的下降。像 a 这样的解就称之为 Pareto 最优解，有时也叫非劣解、有效解或者满意解。

（4）Pareto 最优解。对于集合 $A \subseteq X_f$，决策向量 $x \in X_f$ 为非劣的当且仅当：

$$-a \in A: a > x \text{（即不存在向量 }a\text{ 优于向量 }x\text{）} \tag{4-7}$$

图 4-2 中空心圆点表示的 Pareto 最优解，它们之间是无差别关

系。所有 Pareto 最优解的集合为 Pareto 最优解集，相应的目标向量的图形表示则为 Pareto 最优前沿（Pareto-optimal front）或曲面（surface）。

(5) 非劣解和前端。假设 $A \subseteq X_f$，$p(A)$ 为 A 中非劣决策向量的集合：

$$p(A) = \{a \in A \mid a \text{ 是 } A \text{ 中非劣向量}\} \qquad (4\text{-}8)$$

则集合 $p(A)$ 称为 A 的非劣集，相应的目标向量函数 $f(p(A))$ 称为 A 的非劣前端（front）。所以对于 X_f 来说，Pareto 最优解的集合 $X_p = p(X_f)$ 称为 Pareto 最优集，相应目标向量的图形表示 $Y_p = f(X_p)$ 称为 Pareto 最优前端。

另外，Pareto 最优集还存在全局最优和局部最优的概念之分，Deb 对此进行了相关定义。

多目标优化的基本理论总结如下：

(1) 在大多数情况下，类似于单目标优化的最优解在多目标优化问题中是不存在的，只存在 Pareto 最优解。多目标优化问题的 Pareto 最优解仅仅只是它的一个可接受的"不坏"解，并且通常 MOP 大多都是具有多个 Pareto 最优解。

(2) 若一个多目标优化问题存在所谓的最优解，则该最优解必定是 Pareto 最优解，并且 Pareto 最优解也只由这些最优解所组成，再不包含其他解。因此 Pareto 最优解是多目标优化问题合理的解集合。

(3) 通常 MOP 的 Pareto 最优解是一个集合。对于实际应用问题，必须根据对问题的理解程度和决策者偏好，从多目标优化问题的 Pareto 最优解集合中挑选出一个或一些解来使用。因此求解 MOP 首要步骤和关键是尽可能求出其所有的 Pareto 最优解。

4.3 传统多目标优化问题求解方法

4.3.1 求解方法

在多目标优化问题中，传统的解决方法是采用分层序列法和适应值函数法等，适应值函数法又包括线性加权和法、平方和加权法、极大极小法等方法。下面将对几种主要的求解多目标优化问题的方法做简单介绍[48]。

（1）分层序列法。分层序列法的基本原理是将各个目标依照其重要程度进行排序，在求得前一个目标的最优解后将其作为约束条件，然后再计算下一个目标的最优解，以此类推，直到求解出最后一个目标的最优解，即该多目标优化问题的最优解。用分层序列法求解多目标优化问题时，每一次求解都是解决一个单目标优化问题。

其具体方法是：首先根据各目标的重要度，将各个目标排序为 $f_1, f_2, \cdots, f_n$，逐次求解下列 n 个单目标问题 P_i 的最优解 x_i。

$$(P_1) \min_{x \in X} f_1(x) \tag{4-9}$$

$$\begin{cases} (P_i) \min_{x \in X} f_i(x) \\ \text{s. t.} f_k(x^k) k = 1, 2, \cdots, i - 1 \end{cases} \tag{4-10}$$

其中，X 为原多目标优化问题的可行域，$i = 2, 3, \cdots, n$。由于原问题有 n 个目标，因此最终得到的优化结果是 x_n，且是原多目标问题的一个有效解。

（2）多目标线性加权法。早在 20 世纪 50 年代，Zadeh 和 Geoffrion 就提出了多目标线性加权方法，这种方法的基本思想也是将多目标优化问题转化为单目标优化问题然后再进行求解，具体方法是首先为每个目标函数分配不同的权重系数，然后将所有的多目标函数与各自的权重相乘而后相加，聚合成一个新的目标函数。

$$\begin{cases} \max \sum_{i=1}^{n} \lambda_i f_i(x) \\ \text{s. t.} \sum_{i=1}^{n} \lambda_i = 1 \end{cases} \tag{4-11}$$

在该方法中，权重可以看做是决策者对目标的偏好，求得的最优解是原多目标优化的 Pareto 最优解。这种方法简单易操作，应用较为广泛。但这种方法的缺点也很明显，权重的选取对多目标优化的结果影响明显，如果对于被求解问题没有足够的先验知识或权重偏好表达错误，就很难找到能让决策者满意的 Pareto 最优解。

由于多目标权重的确定对于线性加权法结果有着重要的影响，目前对于权重确定方法的研究也引起了学者的注意。王祖和、亓霞提出了多资源均衡的权重优选法，为了使所有的资源在量上具有可比性，需要对每一项工作的每一种资源的需要量进行同一化处理[49]，同一化后的资源需要量数值为：

$$r(i, k) = R(i, k)/r_k \tag{4-12}$$

$$r_k = \max R(i, k) \tag{4-13}$$

经过同一化处理后，任意一项工作对每一种资源的需要量均在 [0，1] 之间，使得工作对每一种资源的需要量具有一定的可比性。之后根据各资源的重要程度确定其权重，各种资源的相对权重可以采用层次分析法（AHP）确定，即通过构造资源的重要性判断矩阵，用数学方法确定各资源的相对权重。

（3）平方和加权法。先求出各个单目标优化问题的一个尽可能好的下界 $f_1^0, f_2^0, \cdots, f_m^0$，即 $\min\limits_{x \in D} f_i(x) \geqslant f_i^0 (i = 1, 2, \cdots, m)$，然后构造适应值函数：

$$h(x) = h(F(x)) = \sum_{i=1}^{m} \lambda_i (f_i(x) - f_i^0)^2 \tag{4-14}$$

其中，$\lambda_1, \lambda_2, \cdots, \lambda_m$ 为选定的一组权系数，则有 $\sum\limits_{i=1}^{m} \lambda_i$，$\lambda_i \geqslant 0 (i = 1, 2, \cdots, m)$，然后求解式（4-14）的最小解 x^*，以 x^* 作为多目标优化问题式（4-14）的最优解。

（4）极大极小法。极大极小法是在对各个目标来说最不利的情况下找出最有利的解。以多目标最小化问题为例，选取各个目标函数 $f_i(x)$ 中最大的值作为评价函数，即 $u(f(x)) = \max\{\max(f_i(x))\}$，原多目标优化问题可以转化为数值极小化问题：

$$\{\min_{s \in X} u(f(x)) = \min_{x \in X} \max\{(\omega_i f_i(x))\} \tag{4-15}$$

有时为了在评价函数中反映各个目标的重要性，可赋予目标相应的权重，此时评价函数及目标问题为：

$$u(f(x)) = \max\{w_i f_i(x)\} \tag{4-16}$$

$$\min_{s \in X} u(f(x)) = \min\{\max(\omega_i f_i(x))\} \tag{4-17}$$

（5）ε-约束法。Haimes 等人于 1971 年提出了 ε-约束法，其原理

是根据决策者的偏好，选取多个目标中最重要的一个进行优化，其他目标函数作为约束条件考虑。

$$\begin{cases} \max f_{k0}(x) \\ \text{s. t. } f_k(x) \leqslant \delta_k (k = 1, 2, \cdots, k \neq k_0) \end{cases} \tag{4-18}$$

约束法通过选取最重要目标，将多目标优化问题转化为单目标优化问题，然后求解，这种方法重点保证决策者最偏好目标的效益，同时适当兼顾其他目标。利用约束法求得的最优解是原多目标优化问题的 Pareto 弱有效解，不能保证为最优解。

（6）理想点法。理想点法也是求解多目标优化问题时常用的方法，理想点法的原理是决策者根据求解问题的具体情况分别给出每个目标所期望获得的目标值，然后将这些值作为附加的约束条件加入到原问题中，进而将原本的多目标优化问题转化为求解目标函数值与目标值之间绝对偏差最小的问题。常用的偏差函数有：

1）模函数：

$$R(f(x)) = \Big(\sum_{i=1}^{n} \lambda_i \mid f_i(x) - f_i \mid^p \Big)^{\frac{1}{p}} \tag{4-19}$$

2）大偏差函数：

$$R(f(x)) = \max \lambda_i \mid f_i(x) - f_i \mid \tag{4-20}$$

3）几何平均函数：

$$R(f(x)) = \Big(\prod_{i=1}^{n} \mid f_i(x) - f_i \mid \Big)^{\frac{1}{n}} \tag{4-21}$$

如果没有设定的目标值在可行域内，使用这种方法肯定可以得到 Pareto 最优解，而且求解效率较高。它的主要缺点是需要决策者实现给定各目标函数的目标值，而且目标值必须满足一定条件，不能随便给出。

（7）产生式方法。利用产生式方法求解多目标优化问题，可不考虑目标之间的相互关系，而是通过向设计者和决策者提供一系列的非劣解，从中选择需要的方案。目前比较有代表性的是演化算法和模拟退火算法，其中演化算法主要包括遗传算法、微粒群算法、免疫算法等，这些方法都是通过模拟自然界中的各种现象发展起来的多目标优化方法。使用以上方法进行多目标优化只要模型确定后，非劣解集就能确定，但是往往需要付出很大的计算代价，在高维复杂问题上表现得尤为明显。

以上方法作为常用的多目标优化问题的求解方法，均是建立在目标函数、约束函数和决策变量已知的情况下。对于工程项目多目标优化问题而言，目标函数、约束函数及决策变量的描述是否准确、可行，将直接影响到可获得的最优解或次优解是否适用于工程实际。因此，设计一个适用于解决工程项目多目标优化问题的模型对于工程项目多目标优化问题的求解有着重要意义，也是进行工程项目多目标优化的基础[50,51]。

4.3.2 局限性

传统方法的优越性在于继承了求解 SOPs 的一些成熟算法的机理，但对于大规模问题，这些算法很少能够应用。现将传统方法的局限性总结如下：

（1）一些古典方法如加权法求解 MOP 时，在没有足够的关于此问题的领域知识时，无法确定合适的权重系数，而且对 Pareto 最优前沿的形状很敏感，不能处理前沿的凹部。

（2）求解问题所需的与应用背景相关的启发知识常常不能获得，导致不能正常实施优化。而约束法为了获得 Pareto 最优解，需运行多次优化过程，由于各次优化过程相互独立，往往得到的结果很不一致，令设计决策者很难有效地决策，而且花费巨额的时间开销。

（3）最小最大法无需设计决策者的决策信息，但是得出的只是 Pareto 最优前沿的一个点，使得设计决策者不得不将其作为最优的结果；改变距离空间的指数和单目标的不同权重系数可得到 Pareto 最优前沿的不同点，但此时需要设计决策者的决策信息。

4.4 求解多目标问题的演化算法

4.4.1 求解多目标问题演化算法的发展过程

近十几年来，国内外涌现出许多种有效的求解多目标问题的演化算法。早期的多目标演化算法都是演化算法和一些经典的多目标优化技术结合的产物，它们普遍效率不高、局限性大、鲁棒性差。之后出现了基于多种群的 VEGA、基于字典序的方法、基于博弈论的方法等，这些方法的特点是实用性差、解的精度不高、不能保证求很最优解。

目前的多目标演化算法的研究热点是采用 Pareto 机制的多目标优化技术，它也是研究多目标演化算法中主流的方法。比较有名的典型算法如 Fonseca 和 Flemzn 提出的 MOGA，SriniWs 和 Deb 提出的 NSGA、NSGA—B，KnowLes 和 Corne 提出的 PAES，zitzler 和 Thiele 提出的 SPEA、SPEA2，Corne 等提出的 PESA，Coell 和 Pulido 提出的微遗传算法。这些算法及其改进形式在实际多目标优化问题中得到了成功的应用，并已成为多目标演化算法研究的基石。当前，多目标演化算法作为一种优化工具在解决工程技术、经济、管理、军事和系统工程等众多方面的问题中越来越显示出它强大的生命力。

4.4.2 主要算法

进化多目标优化在进化计算领域是一个非常热门的研究方向。下面将按照 Coello 的总结方式[52~56]来讨论进化多目标优化领域的一些主要算法。

（1）第一代进化多目标优化算法。第一代进化多目标优化算法以 Goldberg 的建议为萌芽。1989 年，Goldberg 建议用非支配排序和小生境技术来解决多目标优化问题。非支配排序的过程为：对当前种群中的非支配个体分配等级 1，并将其从竞争中移去；然后从当前种群中选出非支配个体，并对其分配等级 2，该过程持续到种群中所有个体都分配到次序后结束。小生境技术用来保持种群多样性，防止早熟。Goldberg 虽然没有把他的思想具体实施到进化多目标优化中，但是其思想对以后的学者来说，具有启发意义。随后，一些学者基于这种思想提出了 MOGA[57]、NSGA[58]和 NPGA[59]。

1）MOGA。Fonseca 和 Fleming 在 1993 年提出了 MOGA。该方法对每个个体划分等级（rank），所有非支配个体的等级定义为 1，其他个体的等级为支配它的个体数目加 1。具有相同等级的个体用适应度共享机制进行选择。其适应度分配方式按如下方式执行：首先，种群按照等级排序；然后，对所有个体分配适应度，方法是用 Goldberg 提出的线性或非线性插值的方法来分配，具有相同等级个体的适应度值是一样的。通过适应度共享机制采用随机采样进行选择。MOGA 过于依赖共享函数的选择，而且可能产生较大的选择压力，从而导致未成熟收敛。

2）NSGA。NSGA 也是基于 Goldberg 的非支配排序的思想设计的。非支配解首先被确定，然后被分配一个很大的虚拟适应度值。为了保持种群的多样性，这些非支配解用它们的虚拟适应度值进行共享。这些非支配个体暂时不予考虑，从余下的种群中确定第 2 批非支配个体，然后它们被分配一个比先前非支配个体共享后最小适应度值还要小的虚拟适应度值。这些非支配个体也暂时不予考虑，从余下的种群中确定第 3 批非支配个体。该过程一直持续到整个种群都被划分为若干等级为止。NSGA 采用比例选择来复制出新一代。NSGA 的计算复杂度为 $O(mN^3)$（其中 m 是目标个数；N 是种群大小），其计算复杂度较高，而且需要预先确定共享参数。

3）NPGA。NPGA 设计了基于 Pareto 支配关系的锦标赛选择机制。具体思想如下：随机地从进化种群中选择两个个体，再随机地从进化群体中选取一个比较集，如果只有其中一个个体不受比较集的支配，则这个个体将被选中进入下一代；当它们全部支配或全部被支配于该比较集时，采用小生境技术实现共享来选取其中之一进入下一代。算法选取共享适应值大的个体进入下一代。该算法中，小生境半径的选取和调整比较困难，还要选择一个合适的比较集的规模。

第一代进化多目标优化算法以基于非支配排序的选择和基于共享函数的多样性保持为其主要特点。在第一代进化多目标优化的发展期间，一些亟待解决的问题也凸显出来。首先，能否找到替代小生境（共享函数）的方法来保持种群的多样性。适应度共享是由 Goldberg 和 Richardson 针对多峰函数优化提出来的，通常需要关于有限峰数量的先验知识和解空间小生境均匀分布的假设。对于多目标优化问题，同样需要确定共享半径的先验信息，其计算复杂度为种群大小的平方。

(2) 第二代进化多目标优化算法。从 20 世纪末期开始，进化多目标优化领域的研究趋势发生了巨大的变化。1999 年，Zitzler 等提出了 SPEA。该方法使精英保留机制在进化多目标优化领域流行起来。第二代进化多目标优化算法的诞生就是以精英保留策略的引入为标志。在进化多目标优化领域，精英保留策略指的是采用一个外部种群（相对于原来个体种群而言）来保留非支配个体。随后诞生了一些经典的进化多目标优化算法，它们大多数都采用精英保留策略。2000 年，Knowles 和 Corne 提出了 PAES，随后又提出了改进的版本 PESA 和 PESA-Ⅱ。2001 年，Zitzler 等提出 SPEA 的改进版本 SPEA2，Deb 等提出了 NSGA 的改进算法 NSGA-Ⅱ，Erichson 等提出了 NPGA 的改进算法 NPGA2。Coello 一直致力于进化多目标优化的研究，2001 年，他提出了 Micro-GA，还建立了一个关于 EMO 的网络信息库（http：//lania. mx/~coello/EMOO/），收集了 EMO 领域的大多数研究结果。下面讨论一些经典的第二代进化多目标优化算法。

1）SPEA 和 SPEA2。SPEA 是 Zitzler 和 Thiele 在 1999 年提出来的算法。在该算法中，个体的适应度又称为 Pareto 强度，非支配集中个体的适应度定义为其所支配的个体总数在群体中所占的比重，其他个体的适应度定义为支配它的个体总数加 1，约定适应度低的个体对应着较高的选择概率。除了进化种群以外，还设置了一个保存当前非支配个体的外部种群，当外部种群的个体数目超过约定值时，则用聚类技术来删减个体。采用锦标赛选择从进化群体和外部种群中选择个体进入交配池，进行交叉、变异操作。该算法的计算复杂度简达种群大小的立方。

SPEA2 是 Zitzler 和 Thiele 在 2001 年提出的对 SPEA 的改进版本。他们在适应度分配策略、个体分布性的评估方法以及非支配解集的更新三个方面进行了改进。在 SPEA2 中，个体的适应度函数为 $F(i) = R(i) + D(i)$。其中，$R(i)$ 同时考虑到个体 i 在外部种群和进化种群中的个体支配信息；$D(i)$ 是由个体 i 到它的第 k 个邻近个体的距离决定的拥挤度度量。在构造新群体时，首先进行环境选择，然后进行交配选择。在进行环境选择时，首先选探适应度小于 1 的个体进入外部种群，当这些个体数目小于外部种群的大小时，选择进化种群中适应度较低的个体；当这些个体数目大于外部种群的大小时，则运用环境选择进行删减。在交配选择中，运用锦标赛机制选择个体进入交配池。SPEA2 引入了基于近邻规则的环境选择，简化了 SPEA 中基于聚类的外部种群更新方法。虽然其计算复杂度仍为种群规模的立方，但是，基于近邻规则的环境选择得出的解分布的均匀性是很多其他方法无法超越的。

2）PAES、PESA 和 PESA-Ⅱ。PAES 采用（1+1）进化策略对当前一个解进行变异操作，然后对变异后的个体进行评价，比较它与变异前个体的支配关系，采用精英保留策略保留其中较好的。该算法的经典之处在于引进了空间超格的机制来保持种群的多样性，每一个个体分配进一个格子。该算法的时间复杂度为 $O(N \times \overline{N})$（其中 N 为进化种群的大小；$\overline{N}$ 为外部种群的大小）。该算法的空间超格的策略被以后许多进化多目标算法所采用。随后，Corne 等基于这种空间超格的思想提出了 PESA。PESA 设置了一个内部种群和一个外部种群，进化时将内部种群的非支配个体并入到外部种群中，当一个新个体进入外部种群时，同时要在外部种群中淘汰一个个体，具体的方法是在外部种群中寻找拥挤系数最大的个体并将其删除，如果同时存在多个个体有相同的拥挤系数，则随机地删除一个。一个个体的拥挤系数是指该个体所对应的超格中所聚集个体的数目。Corne 等在 2001 年对 PESA 做了进一步改进，称为 PESA-Ⅱ，提出了基于区域选择的概念。与基于个体选择的 PESA 相比，PESA-Ⅱ用网格选择代替个体选择，在一定程度上提高了算法的效率。

（3）NSGA-Ⅱ。NSGA-Ⅱ是 2002 年 Deb 等对其算法 NSGA 的改进，它是迄今为止最优秀的进化多目标优化算法之一，提出该算法的文献［1］在进化多目标优化领域被 SCI 引用的次数最多。相对于 NSGA 而言，NSGA-Ⅱ具有以下优点：

1）新的基于分级的快速非支配解排序方法将计算复杂度由 $O(mN^3)$ 降到 $O'(mN^2)$。其中 m 表示目标函数的数目；N 表示种群中个体的数目。

2）为了标定快速非支配排序后同级中不同元素的适应度值，同时使当前 Pareto 前端中的个体能够扩展到整个 Pareto 前端，并尽可能地均匀分布。该算法提出了拥挤距离的概念，采用拥挤距离比较算子代替 NSGA 中的适应度共享方法，拥挤距离的时间复杂度为 $O(m(2N)\log_2(2N))$。

3）引入了精英保留机制，经选择后参加繁殖的个体所产生的后代与其父代个体共同竞争来产生下一代种群，因此有利于保持优良的个体，提高种群的整体进化水平。

NSGA-Ⅱ、SPEA2 和 PESA-Ⅱ是第二代进化多目标优化的主要经典算法，这一时期，还有许多其他进化算法被提出来，以解决多目标优化问题，如 Veldhuizen 等提出的 multi-ob;ective messy genetic algorithm（MOMGA）、Coello 等提出的 Micro-GA 等。该时期的算法以精英保留策略为主要特征，并且大多数算法不再以适应度共享的小生境技术作为保持种群多样性的手段。一些更好的策略被提出来，如基于聚类的方法、基于拥挤距离的方法、基于空间超格的方法等。

4.4.3 按照适应度和选择方式进行分类

1997 年，Horn 等人基于适应度和选择方式的不同，将多目标优化方法分为以下三类[60]：

（1）基于聚合选择（aggregation selection）的优化方法。这些算法是将多目标优化问题转化为单目标优化问题，然后利用传统的单目标优化方法进行求解，如聚合方法（aggregating approaches）、目标向量法（target-vector approaches）、字典序法（lexicographicordering）、ε 占约束法（the ε -constraint method）、分层序列法等。

这类方法不符合多目标优化问题自身的特点。此外，将多目标优化问题转化为单目标优化问题时带有一定的主观性，当优化人员对优化对象认识的经验不足时这一点是很难实现的。

（2）基于准则选择（criterion selection）的优化方法。算法依次按照不同的准则进行选择、交叉以及变异，如 1985 年 Schaffer 等人提出的 VEGA（vector evaluated algorithm）算法[61]。Richardon 的研究表明，这种将所有个体混合起来的做法等价于将适应度函数线性求和，只不过权重取决于当前代的种群。此外，这种基于准则选择的优化方法，缺乏处理非凸集问题的能力。

（3）基于 Pareto 选择（pareto selection）的优化方法。这种优化方法中的适应度设置是基于 Pareto 概念的，其基本思想是将多个目标值直接映射到一种基于秩的适应度函数中。基于 Pareto 选择的概念很符合多目标问题本身的特点，近代发展起来的多目标演化算法大多都是基于 Pareto 选择的多目标演化算法。例如：多目标遗传算法（multiple objective genetic algorithm，MOGA）、非劣分层遗传算法（nondominated sorting genetic algorithm，NSGA）、小组决胜遗传算法（niched pareto genetic algorithm，NPGA）、多目标粒子群优化算法（multiple objective particle swarm optimization，MOPSO）等。

5 多目标遗传算法

5.1 多目标遗传算法的优化机理

多目标遗传算法（简称 MOGA）是近年来发展起来的利用 GA 处理 MOP 的优化算法。传统优化方法很难处理大规模问题，MOGA 不但能处理大规模问题，而且不受问题性质（线性、连续性、可微性、多峰值等）的限制，能够搜索出问题的全局最优解。与常规优化方法相比，还与 Pareto 最优前沿的形态无关。

MOGA 的关键问题为如何实施适应度赋值与选择以及如何保持群体的多样性。目前最常见的赋值和选择方法包括：目标转换选择，变参数聚合选择和基于 Pareto 选择。

在目标函数置换选择中，是在选择阶段置换目标，而不是将各个子目标函数组成一个单目标的标量适应度值。此方法存在的问题是进化结果容易走向某些极端边界解，且对 Pareto 最优解前沿的非凸部敏感。

在变参数聚合选择中，MOGA 先使用传统方法形成均衡曲面，再聚合成变参数的目标函数。在进化的每一代，参数有规律的变化，但在该子代内保持不变。聚合方法常见的是进化加权法。

在基于 Pareto 选择中，MOGA 先使用了由 Goldberg 提供的基于 Pareto 优势计算个体的适应度。它的个体等级排序如下：当代群体的等级设为 1，将它们从群体中暂时移去；再在余下的群体中所有非劣解的等级设为 2，也暂时移去；如此循环直到所有的个体都被赋值；最后将个体等级赋值为适应度值[62~66]。

GA 具有群体搜索和内在并行性，可处理大规模的搜索空间，适合处理 MOP。研究表明，GAs 的机理最适合于求解 MOPs，因为其进化群体可并行搜索多个目标，在单轮优化期间产生多个 Pareto 最优解，通过逐代组合寻找具有某些特征的个体，可克服传统方式的局限性。

5.2　多目标遗传算法的常用求解方法

对于求解多目标优化问题的 Pareto 最优解，目前已有多种基于遗传算法的求解方法。下面介绍五种常用的方法[67]：

(1) 权重系数变换法。对于一个多目标的优化问题，若给其每个子目标函数 $f(x_i)(i = 1, 2, \cdots, n)$ 赋予权重 $w_i(i = 1, 2, \cdots, n)$。其中，w_i 为相应的 $f(x_i)$ 在多目标优化问题中的重要程度，则各目标函数 $f(x_i)$ 的线性加权和表示为：

$$u = \sum_{i=1}^{n} w_i f_i(x) \tag{5-1}$$

若将 u 作为多目标函数优化问题的评价函数，则多目标优化问题就可以转化为单目标优化问题，即可以利用单目标优化的遗传算法求解多目标优化问题。

(2) 并列选择法。并列选择法的基本思想是，先将种群中的全部个体按子目标函数的数目均等地划分为一些子群体，对每个子群体分配一下子目标函数，各个子目标函数在相应的子群体中独立地进行选择运算，各自选择出一些适应度高的个体组成一个新的子群体，然后再将所有这些新生成的子群体合并成一个完整的群体，在这个群体中进行交叉和变异操作，从而生成下一代的完整群体，如此不断地进行"分割—并列选择—合并"操作，最终可求出多目标优化问题的 Pareto 最优解。并列选择法示意图如图 5-1 所示。

(3) 排列选择法。排列选择法的基本思想是，基于 Pareto 最优个体是指群体中的这样的一个或一些个体排序，依据这个排列顺序来进行进化过程中的选择运算，从而得到排在前面的 Pareto 最优个体将有更多的机会遗传到下一个群体中。如此这样经过一定代数的循环之后，最终就可求出多目标最优化问题的 Pareto 最优解。

(4) 共享函数法。求解多目标最优化问题时，一般希望所得到的解能够尽可能地分散在整个 Pareto 最优解集合内，而不是集中在其 Pareto 最优解集合内的某一个较小的区域上。为达到这个要求，可以利用小生境遗传算法的技术来求解多目标最优化问题，这种方法称为共享函数（sharing function）法，它将共享函数的概念引入到求解多目标函数最优化问题的遗传算法中。算法对相同个体

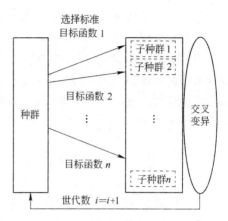

图 5-1　并列选择法示意图

或类似个体的数量加以限制，以便能够产生出种类较多的不同的最优解。对于一个个体 X，在它的附近还存在有多少种、多大程度相似的个体是可以度量的，这种度量值称为小生境数，小生境数的计算方法定义为：

$$m_x = \sum_{Y \leqslant n} s[\,d(X,\ Y)\,] \tag{5-2}$$

式中　　$s(d)$——共享函数，它是个体之间距离 d 的单调减函数；

$d(X,\ Y)$——个体 X、Y 之间的海明距离。

在计算出各个个体的小生境数之后，可以使小生境数较小的个体能够有更多的机会均等被选中，遗传到下一代群体中，即相似程度较小的个体能够有更多的机会被遗传到下一代群体中，这样就增加了群体的多样性，也增加了解的多样性。

（5）混合法。混合法的基本思想是：选择算子的主体使用并列选择法，然后通过引入保留最佳个体和共享函数的思想来弥补只使用并列选择法的不足之处。算法的主要过程为：

1）并列选择过程。按所求多目标优化问题的子目标函数，将整个群体均等地划分成一些子群体，各个子目标函数在相应的子群体中产生其下一代子群体。

2）保留 Pareto 最优个体过程。对于群体中的 Pareto 最优个体，

不让其参与个体的交叉运算和变异运算，而是将这个或这些 Pareto 最优个体直接保留到下一代子群体。

3）共享函数处理过程。若所得到的 Pareto 最优个体的数量已超过规定的群体规模，则需要利用共享函数的处理方法来对这些 Pareto 最优个体进行挑选，以形成规定规模的新一代群体，直接保留到下一代子群体中。

5.3　基于 MATLAB 遗传工具箱的优化方法

MATLAB 是 Mathworks 公司推出的一套高性能的数值计算和可视化软件。它集数值分析、矩阵运算、信号处理和图形显示于一体，构成一个方便的、界面友好的用户环境。MATLAB 强大的扩展功能和影响力吸引各个领域的专家相继推出了许多基于 MATLAB 的专用工具箱。MATLAB 强大的科学运算、灵活的程序设计流程、高质量的图形可视化界面设计、便捷地与其他程序和语言接口等功能，使之成为当今世界最有活力和最具影响力的可视化软件。利用 MATLAB 处理矩阵运算的强大功能来编写遗传算法程序有着巨大优势。

由于 GA 在大量问题求解过程中独特的优点和广泛的应用，许多基于 MATLAB 的遗传算法工具箱相继出现，其中出现较早、影响力较大、较为完备的当属英国舍菲尔德（Sheffield）大学推出的基于 MATLAB 的遗传算法工具箱。另外，还有美国北卡罗来纳州立大学推出的可与 MATLAB 一起使用的遗传算法优化工具箱 GAOT（genetic algorithm optimization toolbox）[68]。

5.3.1　MATLAB 遗传算法工具箱的通用函数

遗传算法的许多算子（如选择、交叉、变异等），都是针对所谓的染色体进行的。染色体实质是一个向量，可将其看成一个 $1 \times n$ 的矩阵，因而这些算子实质上是一些矩阵运算。而 MATLAB 的基本数据单元就是一个维数不加限制的矩阵，在这种环境下，用户无需考虑大量有关矩阵算法的低层问题，更不必深入了解相应算法的具体细节，因而利用 MATLAB 编程可以节省大量的编程时间和精力。

本章采用的是英国舍菲尔德大学开发的遗传算法工具箱函数。

由于 MATLAB 高级语言的通用性，对问题用 M 文件编码，与此配对的是 MATLAB 先进的数据分析、可视化工具、特殊目的的应用领域工具和展现给使用者具有研究遗传算法可能性的一致环境。MATLAB 遗传算法工具箱为遗传算法从业者和初次实验遗传算法的人员提供了广泛多样的有用函数。

遗传算法工具箱使用 MATLAB 矩阵函数为实现广泛领域的遗传算法建立了一套通用工具，这个遗传算法工具是用 M 文件写成的命令行形式函数，是完成遗传算法大部分重要功能的程序集合。用户可通过这些命令行函数，根据实际分析的需要，编写出功能强大的 MATLAB 程序。

表 5-1 为遗传算法工具箱中的函数分类。

（1）种群表示和初始化。种群表示和初始化函数有 crtbase、crtbp、crtrp。

GA 工具箱支持二进制、整数和浮点数的基因表示。二进制和整数种群可以使用工具箱中的 crtbp 建立二进制种群。crtbase 是附加的功能，它提供向量描述整数表示。种群的实值可用 crtrp 进行初始化。在二进制代码和实值之间的变换可使用函数 bs2rv，它支持格雷码和对数编码。

（2）适应度计算。适应度函数有 ranking、scaling。

适应度的函数用于转换目标函数值，给每一个个体一个非负的价值数。这个工具箱支持 Goldberg 的偏移法（offsetting）和比率法以及贝克的线性评估算法。另外，ranking 函数支持非线性评估。

（3）选择函数。选择函数有 reins、rws、select、sus。

这些函数根据个体的适应度大小在已有的种群中选择一定数量的个体，对它的索引返回一个列向量。现在最合适的是轮盘赌选择（即 rws 函数）和随机遍历抽样（即 sus 函数）。高级入口函数 select 为选择程序，特别为多种群的使用提供了一个方便的接口界面。在这种情况下，代沟是必需的，即整个种群在每一代中没有完全被复制。reins 能使用均匀的随机数或基于适应度的重新插入。

（4）交叉算子。交叉算子函数有 recids、recint、reclin、recmut、

recombin、xovdp、xovdprs、xovmp、xovsh、xovshrs、xovsp、xovsprs。

表 5-1 遗传算法工具箱中的函数分类

项 目	函 数	功 能
创建种群	crtbase	创建基向量
	crtbp	创建任意离散随机种群
	crtrp	创建实值初始种群
适应度计算	ranking	常用的基于秩的适应度计算
	scaling	比率适应度计算
选择函数	reins	一致随机和基于适应度的重插入
	rws	轮盘选择
	select	高级选择例程
	sus	随机遍历采样
变异算子	mut	离散变异
	mutate	高级变异函数
	mutbga	实值变异
交叉算子	recids	离散重组
	recint	中间重组
	reclin	线性重组
	recmut	具有变异特征的线性重组
	recombin	高级重组算子
	xovdp	两点交叉算子
	xovdprs	减少代理的两点交叉
	xovmp	通常多点交叉
	xovsh	洗牌交叉
	xovshrs	减少代理的洗牌交叉
	xovsp	单点交叉
	xovsprs	减少代理的单点交叉
子种群的支持	migrate	在子种群间交换个体
实用函数	bs2rv	二进制串到实值的转换
	rep	矩阵的复制

交叉是通过给定的概率重组一对个体而产生后代的。单点交叉、两点交叉和洗牌交叉是由 xovsp、xovdp 和 xovsh 函数分别完成的。缩小代理交叉函数分别是 xovdprs、xovshrs 和 xovsprs。通用的多点交叉函数是 xovmp，它提供均匀交换的支持。为支持染色体实值表示，离散的、中间的和线性重组分别由函数 recids、recint、reclin 完成。函数 recmut 提供具有突破特征的线性重组。函数 recombin 是一高级入口函数，对所有交叉操作提供多子群支持入口。

（5）变异算子。变异算子函数有 mut、mutate、mutbga。

二进制和整数变异操作由 mut 完成。实值的变异使用育种机函数 mutbga 是有效的。mutate 对变异操作提供一个高级接口。

（6）多子群支持。多子群支持函数 migrate。

遗传算法工具箱通过高层遗传操作函数 migrate 对多子群提供支持，它的一个功能是在子群中交换个体。一个单一种群通过使用工具箱中的函数修改数据结构，使其分为许多子种群，这些子种群被保护在连续的数据单元中。高层函数（如 select 和 reins）可独立地操作子种群，包含在一个数据结构中的每一个子种群允许独自向前衍化。基于孤岛或回迁模式，migrate 允许个体在子种群中迁移。

5.3.2 MATLAB 遗传算法的终止

因为遗传算法是随机搜索算法，找到一个正式的、明确的收敛性判别的标准是困难的。若在找到最优个体以前的许多代的种群适应度可能保持不变，应用程序的常规终止条件将成为有问题的。常用方法是遗传算法终止采用达到预先设定的代数和根据问题定义测试种群中最优个体的性能。如果没有可接受的解答，遗传算法重新启动或用新的搜索终止条件。

5.4　多目标遗传算法计算步骤

采用多目标遗传算法的优化方法的计算步骤如下：

（1）编码。遗传算法在进行搜索前需要将解空间的解数据表示成遗传空间的基因型串结构数据。对这些串结构数据进行不同组合就构成了不同的点。

（2）初始种群的生成。设置最大进化代数 T，进化代数计数器 $t=0$，初始串结构数据随机产生 N 个，一个个体是一个串结构数据，一个种群由 N 个个体构成，作为初始种群 P（0），初始点是这 N 个串结构数据，遗传算法将以此作为开始进行迭代。

（3）计算适应度值。用适应度函数值来决定个体的优劣性。不同的问题有不同的适应度函数，根据不同问题来制定适应度函数，进而就可以计算群体 $P(t)$ 中个体的适应度值；适应度函数的建立通过 BP 神经网络通过其学习样本的功能来建立。

（4）执行选择算子。

（5）执行交叉算子。

（6）执行变异算子。群体 $P(t)$ 经过选择、交叉和变异运算后得到下一代群体 $P(t+1)$。

（7）终止条件判断。若 $t \leqslant T$，则 $t=t+1$，转到步骤（2）；反之，则以进化过程中所得到的具有最大适应度的个体作为最优解输出，终止运算。

5.5　棒材孔型多目标遗传优化设计

在轧钢生产中，最优化技术用于轧制变形规程的设计较为广泛。例如，型钢生产中的孔型设计、板带钢轧制中的压下规程设计以及高速线材轧机精轧机的微恒张力设计等，采用优化方法进行设计已较为普遍。最优化技术在轧制变形规程中的应用，不但能够使轧制过程趋于最优，而且使轧制变形规程的制定由技艺向工程科学迈进[69,70]。

优化孔型设计是孔型设计追求的目标。采用经验法设计时，几种方案的比较、各种计算数据的修正也可以说是一种"优化"过程。但是这种方法是很难达到最优的。这是因为多种方案的比较必定是少数的几种方案和计算数据的修正，否则难以完成。在建立起准确的数学模型的前提下，将优化方法用于孔型设计，则能够实现这一目标。优化孔型设计可以提高轧制产品的质量和产量，降低轧制能耗，减少生产事故，使轧制过程顺利，变形过程合理[71]。

遗传算法（GA）是当今较为成功的、广泛应用于复杂工程优化的算法之一，它对目标函数和约束条件的限制较少，并能较好地处理实际优化问题中存在的目标函数具有多个局部极值点或在某一局部不连续、不可微等病态情况。

5.5.1 孔型多目标优化设计中的目标函数

在优化设计中，正确地确定目标函数是关键的一步。目标函数的确定与优化结果和计算量有着密切关系。因此，在确定目标函数时，应该注意到生产中的实际要求，并能客观反映设计变量与优化目标的关系，同时建立优化目标的数学模型。数学模型应客观反映所优化对象的本质、物理意义明确，这样才能使优化结果具有真实性和可靠性。

5.5.1.1 总轧制能耗最小的轧制规程

轧制能耗最小，是指在一定轧制条件下，由一定的原料轧制成一定的成品所消耗的轧制能耗最小。其目标函数[72]为：

$$Q = \sum_{i=1}^{n} q_i = \sum_{i=1}^{n} a M_i v_i \tau_i / D_i \rightarrow \min \qquad (5-3)$$

由原料到成品，共轧制 n 道次，尽管各道次的轧制能耗不同，有高有低，但是应使总的轧制能耗最小。这样可以达到节能、降低生产成本的目的。

5.5.1.2 相对等负荷的轧制规程

相对等负荷是指当棒材连轧机各机架的主电机功率不相等时，若按等负荷分配，会造成小容量主电机能力不足，而大容量主电机不能充分发挥其能力。这种情况下，可按轧机各机架主电机的相对等负荷来制定轧制规程，即主电机容量大的轧机，让其多消耗一部分轧制功率；容量小的轧机则让其少消耗一部分轧制功率。这样不仅可以充分发挥设备能力，而且避免了因负荷分布不均衡而发生的轧制事故。

棒材轧机负荷均衡的目标函数为：

$$\min S = \sum_{i=1}^{n} (N_i' - \lambda N_i)^2 \to \min \tag{5-4}$$

式中 N_i' ——第 i 机架主电机的轧制功率；

N_i ——第 i 机架主电机的额定功率；

λ ——机组主电机的负荷系数；

$$\lambda = \sum_{i=1}^{n} N_i' / \sum_{i=1}^{n} N_i$$

该目标函数表明各道次的轧制功率与负荷系数和额定功率之积的差，平方之后的总和达到最小，即轧机的负荷达到相对均衡。

5.5.2 棒材孔型多目标优化设计的约束条件

在优化设计过程中寻求目标函数的极值时，一般要受到某些条件的限制，这些限制条件称为约束条件。约束条件有两种，等式约束和不等式约束。

等式约束的表达式为：

$$h_i(x) = 0 \ (i = 1, 2, \cdots, p) \tag{5-5}$$

式中 $h_i(x)$ ——设计变量的函数；

p ——约束条件的个数，并且等式约束条件的个数要小于设计变量的个数 n。如果 $p = n$，那么由 p 个约束条件式可以解得唯一的一组解 $x_1, x_2, \cdots, x_n$，而使目标函数具有唯一性，这样则不能再进行目标函数的寻优。

不等式约束的表达式为：

$$g_i(x) \leqslant 0 \tag{5-6}$$

或 $\qquad g_i(x) \geqslant 0 \ (i = 1, 2, \cdots, m)$

式中 $g_i(x)$ ——设计变量的函数；

m ——不等式约束条件的个数。

约束条件是根据优化设计中的具体实际问题而提出来的。也就是说在目标函数寻优过程中，必须要满足一些附加的设计条件。只有满足了这些附加的设计条件，才使目标函数的优化有其实际意义。

有约束条件的目标函数优化过程，就是在约束条件的约束范围内寻求目标函数的极值。

5.5.2.1 约束条件

为了保证轧件顺利地进入轧辊，实现正常稳定轧制，必须考虑咬入条件的限制。通常用轧件进入轧辊时的咬入角来衡量咬入条件，即轧件的实际咬入角应小于轧机孔型的最大咬入角[73]，即：

$$\alpha \leqslant [\alpha] \tag{5-7}$$

$$\alpha = 2\arcsin\sqrt{\Delta H/2D_*} = 2\arcsin\sqrt{(1/\eta)/2A} \tag{5-8}$$

$$[\alpha] = K_\alpha \bar{\alpha} \tag{5-9}$$

式中 α，$[\alpha]$——按孔型垂直轴确定的实际咬入角和最大允许咬入角；

$\quad\quad K_\alpha$——最大允许值的系数；

$\quad\quad \bar{\alpha}$——平均允许咬入角，见表5-2。

表5-2 允许咬入角 $\bar{\alpha}$ 的计算公式

轧制方案	公 式	K_α
矩形-箱形孔	$\dfrac{100}{5.99 + 0.266U_*^2 - 1.16\mu - 1.9a_3 + 0.42M + 0.39 \times 10^{-3}t}$	1.20
方-平椭形孔	$\dfrac{100}{7.4 + 0.0024U_*^2 + 0.18a_3 - 1.02\mu + 0.49M - 1.1 \times 10^{-3}t}$	1.26
平椭-圆形孔	$\dfrac{100}{9.23 + 0.00284U_*^2 - 6.32\delta_0 + 0.644M - 0.44\mu + 0.429 \times 10^{-3}t}$	1.15
圆-椭圆形孔	$\dfrac{100}{23.54 + 0.00265U_*^2 - 5.22\delta_0 + 0.374M - 0.44\mu - 12.1 \times 10^{-3}t}$	1.13
椭圆-圆形孔	$\dfrac{100}{27.74 + 0.0023U_*^2 - 3.98\delta_0 - 0.44\mu + 2.15M - 19.8 \times 10^{-3}t}$	1.25

注：μ，M 为表征轧辊表面状态和轧制钢号的系数。铸铁轧 $\mu = 1.0$；不带刻痕的钢辊为 1.25，带刻痕的为 1.45；低碳钢和中碳钢 $M = 1.0$，合金钢和高碳钢（工具钢）为 1.4。U_* 为孔型槽底处轧辊圆周速度，$U_* = \pi D_* n/60$。

5.5.2.2 稳定条件

在轧制过程中，轧件不产生歪斜、倒钢的条件称为稳定条件。为保证轧件在轧制过程中稳定，应对轧件的轴比加以限制。轧件在孔型中轧制的稳定条件可写成：

$$[a]_{\min} \leqslant a \leqslant [a]_{\max} \tag{5-10}$$

式中 a，$[a]_{\min}$，$[a]_{\max}$——非等轴断面轧件实际轴比以及最小和最大允许轴比。

a 在不等式（5-10）中右端的限制是表征不等轴轧件在等轴孔型（方、圆）中轧制时的稳定条件，而左端的限制是表征方轧件在不等轴孔型（六角、平椭圆、箱、椭圆）中轧制时的稳定条件。

$$[a]_{\max} = K_a \bar{a} \tag{5-11}$$

式中 K_a——最大允许值的系数；

$\bar{a}$——平均允许咬入角。

在矩形-箱形孔轧制方案中：

$$K_a = 1.18$$

$$\bar{a} = 2.0 + 0.022/\delta_{\varepsilon 0}^2 + 0.13a_3 - 0.01U_* - 1.38\tan\varphi_0 - 0.21\tan\varphi \tag{5-12}$$

在平椭-圆形孔轧制方案中：

$$K_a = 1.12$$

$$\bar{a} = 2.38 - 0.972/\delta_0^2 - 0.00201U_* + 1.819\eta \tag{5-13}$$

在椭圆-圆形孔轧制方案中：

$$K_a = 1.19$$

$$\bar{a} = 1.8 - 0.618/\delta_0^2 - 0.005U_* + 0.449\eta + 0.812R/B_0 \tag{5-14}$$

对圆形孔型： $\quad a_3 = (1/\eta)/(a_1/\delta_1 - 1) \tag{5-15}$

对箱形孔型：

$$[a]_{\min} = (\tan\varphi + (1/\eta)/[a_3])\delta_1 \tag{5-16}$$

$$[a_3] = 1/\left(1 - 2\frac{r}{H_0} \times \frac{1 - \tan\varphi/2}{1 + \tan\varphi/2}\right) \tag{5-17}$$

对平椭-圆形孔型：

$$[a]_{\min} = (1 + (1/\eta)/[a_3])\delta_1 \tag{5-18}$$

$$[a_3] = 1/(1 - 2.833r/H'_0) \tag{5-19}$$

对椭圆孔型:

$$[a]_{\min} = \frac{1}{\eta}\delta_1 \Big/ \left[\frac{B_0}{B_k}\right] \qquad (5\text{-}20)$$

$$\left[\frac{B_0}{B_k}\right] = 0.135 - 0.15\delta_1 + \left[0.28 + \frac{2.2}{A+10} + \right.$$

$$(1.862 + 0.0045A)\frac{r}{H'_0}\Big]\left[1.114 - \frac{0.041}{(\delta_1 - 0.3)^2}\right] \qquad (5\text{-}21)$$

5.5.2.3 电机能力校核

实现轧制过程所需的传动力矩的大小是校验现有轧机能力和设计新轧机的重要参数之一。

轧制时电动机输出的传动力矩主要由以下四部分组成[74]:

$$M_m = \frac{M}{i} + M_f + M_b + M_k \qquad (5\text{-}22)$$

式中 M_m——电动机的输出力矩;

     M——轧制力矩,由金属对轧辊的作用力所引起的阻力矩;

     M_f——附加摩擦力矩,轧制时在轧辊轴承及传动装置中所增加的摩擦力矩;

     M_b——空转力矩,空转轧机时在轧辊轴承及传动装置中所产生的摩擦力矩;

     M_k——动力矩,为轧机加速和减速时的惯性力矩;

     i——由电机到轧辊的减速比。

式(5-22)的前三项之和称为静力矩,以 M_s 表示:

$$M_s = \frac{M}{i} + M_f + M_b \qquad (5\text{-}23)$$

M_s 对任何的轧机都是存在的。在静负荷中轧制力矩 M 是有效负荷,虽然其中也包括轧件与辊面间的摩擦损失,但这种损失是实现轧制过程所避免不了的。而 M_f 及 M_b 是无效负荷,是轧辊轴承和传动装置的摩擦损失。M 可以根据前面建立的数学模型确定。

换算到电机轴上的轧制力矩与静力矩之比称为轧机的效率:

$$\eta = \frac{M/i}{M/i + M_f + M_b} \tag{5-24}$$

（1）附加摩擦力矩 M_f 的确定。附加摩擦力矩由轧辊轴承中的摩擦力矩 M_{f1} 及轧机传动装置中的摩擦力矩 M_{f2} 两部分组成。

对于轴承座位于辊身两端的普通二辊式轧机，由金属对轧辊的作用力在两个轧辊的轴承中引起的附加摩擦力矩为：

$$M_{f1} = P\mu d \tag{5-25}$$

式中　P——轴承的负荷，等于金属作用在轧辊上的总压力；

　　　μ——摩擦系数，决定于轴承的型式，不同的轧辊轴承，μ 值不同：滑动轴承金属热轧时 $\mu = 0.07 \sim 0.10$，滑动轴承金属冷轧时 $\mu = 0.05 \sim 0.07$，滑动轴承塑料衬 $\mu = 0.01 \sim 0.03$，液体摩擦轴承 $\mu = 0.003 \sim 0.004$，滚动轴承 $\mu = 0.003$；

　　　d——轴承的平均摩擦直径。

轧制时转动轧辊电动机输送到轧辊上的力矩，应等于轧制力矩 M 与附加摩擦力矩 M_{f1} 之和。将力矩 $M+M_{f1}$ 传送到轧辊上时，在传动装置中由于有摩擦存在要损失一部分力矩，这部分力矩即等于传动装置中的附加摩擦力矩。该力矩可根据传动效率按式（5-26）确定：

$$M_{f2} = \left(\frac{1}{\eta} - 1 \right) \frac{M + M_{f1}}{i} \tag{5-26}$$

于是，转换到电机轴上的总的附加摩擦力矩可表示为：

$$M_f = \frac{M_{f1}}{i} + M_{f2} \tag{5-27}$$

（2）空转力矩 M_b 的确定。空转力矩可根据转动零件（轧辊、齿轮、联轴器）的重量及轴承的摩擦圆半径计算。转动一个零件所需的力矩，换算到电机轴上为：

$$M_n = \frac{G_n \mu_n d_n}{2i_n} \times \frac{1}{\eta_n} \tag{5-28}$$

式中　G_n——作用在轴承上的负荷，等于零件的重量；

　　　μ_n——轴承的摩擦系数；

　　　i_n——由电机到所计算之零件的减速比；

d_n——轴承的平均摩擦直径；

η_n——由电机到所计算之零件，传动装置的效率。

空转力矩等于转动所有零件的力矩之和：

$$M_b = \sum \frac{G_n \mu_n d_n}{2 i_n \eta_n} \tag{5-29}$$

也可按经验方法来确定：

$$M_b = (0.03 \sim 0.06) M_H \tag{5-30}$$

式中　M_H——电动机的额定转矩。

轧机在稳定状态下轧制时，校核电动机条件为：

$$M_m \leqslant M_H \tag{5-31}$$

5.5.2.4　轧辊强度校核

总的来说，轧辊的破坏决定于各种应力（包括弯曲应力、扭转应力、接触应力、由于温度分布不均或交替变化引起的温度应力以及轧辊制造过程中形成的残余应力等）的综合影响。具体来说，轧辊的破坏可能由下列三方面原因造成[75]：

（1）轧辊的形状设计不合理或设计强度不够。例如，在额定负荷下，轧辊因强度不够而断裂；或因接触疲劳超过许用值，使辊面疲劳脱落等。

（2）轧辊的材质、热处理或加工工艺不合要求。例如，轧辊的耐热裂性、耐黏附性及耐磨性差、材料中有夹杂物或残余应力过大等。

（3）轧辊在生产过程中使用不合理。热轧轧辊在冷却不足或冷却不均匀时，会因热疲劳造成辊面热裂；冷轧时的事故黏附也会导致热裂甚至表层剥落；在冬季新换上的冷辊突然进行高负荷热轧或者冷轧机停车，轧热的轧辊骤然冷却，往往会因温度应力过大，导致轧辊表层剥落甚至断辊；压下量过大或因工艺过程安排不合理造成过负荷轧制也会造成轧辊破坏等。

由此可见，为防止轧辊破坏，应从设计、制造和使用等诸方面去努力。

设计轧机时，通常是按工艺给定的轧制负荷和轧辊参数对轧辊进行强度校核。由于对影响轧辊强度的各种因素（如温度应力、残余应力、冲击在荷值等）很难准确计算。因此，设计时对轧辊的弯曲和扭转一般不进行疲劳校核，而是将这些因素的影响纳入轧辊的安全系数中（为了保护轧机其他重要部件，轧辊的安全系数是轧机各部件中最小的）。

轧机的生产能力主要受机架强度、轧辊强度及轧制速度范围等因素的限制，要求：

$$\begin{cases} P_i < P_{\text{max}i} \\ M_i < M_{\text{max}i} \\ v_{\text{min}i} < v_i < v_{\text{max}i} \end{cases} \tag{5-32}$$

式中　　P_i，$P_{\text{max}i}$——第 i 架轧机上实际轧制力、最大允许轧制力；

　　　　M_i，$M_{\text{max}i}$——第 i 架轧机上实际轧制力矩、最大允许轧制力矩；

　　　　v_i，$v_{\text{min}i}$，$v_{\text{max}i}$——第 i 架轧机上实际轧制速度、最小允许轧制速度和最大允许轧制速度。

P_{max}，M_{max} 一般在轧机设备说明中标明，轧制力 P 和轧制力矩 M 按前面建立的力能参数模型可以求出。

5.5.3 惩罚函数法

惩罚函数法的基本思想[76,77]就是，借助惩罚函数把约束问题转化为无约束问题，进而用无约束最优化方法来求解。由于约束的非线性，不能用消元法将问题化为无约束问题，因此在求解时必须同时照顾到既使目标值下降，又要满足约束条件这两个方面。实现这一点的一种途径是由目标函数和约束函数组成辅助函数，把原来的约束问题转化为极小化辅助函数的无约束问题。

考虑等式约束问题：

$$\min_x f(x) \tag{5-33}$$

约束为：

$$h_j(x) = 0$$

可定义辅助函数：

$$F_1(x) = f(x) + \sigma \sum_{j=1}^{m} h_j^2(x) \qquad (5\text{-}34)$$

其中参数 σ 是很大的正数，常称作惩罚因子。这样就把问题 (5-34) 转化为无约束问题：

$$\min F_1(x, \ \sigma) \qquad (5\text{-}35)$$

显然，式（5-35）的最优解必定使 $h_j(x)$ 接近零；否则，式 (5-34) 的第二项将是很大的正数。因此求解问题式（5-35）能够得到问题式（5-34）的近似解。

考虑不等式约束：

$$\min_{x} f(x) \qquad (5\text{-}36)$$

约束为：

$$g_i(x) \geqslant 0$$

辅助函数的形式与等式约束情形不同，但构造辅助函数的基本思想是一致的：在可行点，辅助函数值等于原来的目标函数值；在不可行点，辅助函数值等于原来的目标函数值加上一个很大的正数。因此，定义辅助函数[78,79]：

$$F_2(x, \ \sigma) = f(x) + \sigma \sum_{i=1}^{m} \big[\max\{0, \ -g_i(x)\} \big]^2 \qquad (5\text{-}37)$$

当 x 为可行点时：

$$\max\{0, \ -g_i(x)\} = 0 \qquad (5\text{-}38)$$

当 x 为不可行点时：

$$\max\{0, \ -g_i(x)\} = -g_i(x) \qquad (5\text{-}39)$$

这样，可将问题式（5-39）转换为无约束问题：

$$\min F_2(x, \ \sigma) \qquad (5\text{-}40)$$

本书即利用 MOGA 与惩罚函数的结合来编制优化程序。

5.5.4 棒材全连轧孔型优化设计

5.5.4.1 生产工艺流程

$\phi 16$ 圆钢全连轧工艺流程如图 5-2 所示。

加热好的钢坯出炉送入粗轧机组轧制 4 个道次后，由 1 号飞剪切

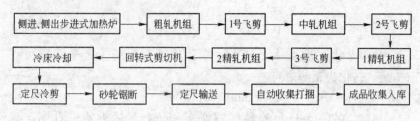

图 5-2 $\phi16$ 圆钢全连轧工艺流程

头，进入中轧机组轧制 6 个道次；再经 2 号飞剪切头，进入 1 精轧机组轧制 6 个道次；经 3 号飞剪切头，进入 2 精轧机组轧制 6 个道次；然后由飞剪剪切倍尺，再送上冷床冷却；最后自动收集打捆，成品被收集入库。

5.5.4.2 轧机布置形式

主轧线布置 22 架轧机，分为粗轧机组、中轧机组和精轧机组。各架轧机均是由一台交流电机单独传动。轧机为平立交替布置。

某轧钢厂连轧结构钢，使用的坯料尺寸为 180×180mm，轧机组成采用 4-6-6-6 方式，即粗轧机组由 1~4 号轧机组成，$\phi840 \times 750 \times 4$mm；中轧机组由 5~10 号轧机组成，$\phi730 \times 750 \times 4$mm、$\phi510 \times 750 \times 2$mm；1 精轧机组由 11~16 号轧机组成，$\phi510 \times 750 \times 2$mm、$\phi420 \times 650 \times 4$mm；2 精轧机组由 17~22 号轧机组成，$\phi360 \times 650 \times 6$mm。

5.5.4.3 工艺参数

主轧机的基本性能参数见表 5-3。

表 5-3 主轧机的基本性能参数

机架	轧辊直径 /mm	允许轧制压力 /kN	允许轧制力矩 /kN · M	电机功率 /kW	电机转速 /r · min^{-1}
1H	840	3500	500	570	1000~1300
2V	840	3500	500	570	1000~1300
3H	840	3500	500	570	1000~1300

机架	轧辊直径 /mm	允许轧制 压力 /kN	允许轧制 力矩 /kN·M	电机功率 /kW	电机转速 /r·min⁻¹
4V	840	3500	500	570	1000~1300
5H	730	3500	500	570	1000~2000
6V	730	2000	250	570	1000~2000
7H	730	2000	250	570	1000~2000
8V	730	2000	250	570	1000~2000
9H	510	2000	250	780	1000~2000
10V	510	2000	250	570	1000~2000
11H	510	1000	100	780	1000~2000
12V	510	1000	100	570	1000~2000
13H	420	1000	100	780	1000~2000
14V	420	1000	100	570	1000~2000
15H	420	1000	100	780	1000~2000
16V	420	500	50	570	1000~2000
17H	360	500	50	780	1000~2000
18V	360	500	50	570	1000~2000
19H	360	500	50	570	1000~2000
20V	360	500	50	570	1000~2000
21H	360	500	50	780	1000~2000
22V	360	500	50	570	1000~2000

注：全连轧的主要工艺参数：
来料尺寸：180×180×5900mm　　　　来料温度：1030℃
轧制成品：φ16mm　　　　　　　　　轧制钢种：45
终轧速度：18m/s　　　　　　　　　轧制道次：22 道

5.5.4.4 设计实例

A 延伸系数的分配和轧制道次的确定

棒材的孔型设计，首先是根据轧制的成品和采用的坯料确定轧制道次。道次采用式（5-41）确定：

$$n = \frac{\lg F_0 - \lg F_n}{\lg \mu_m} \tag{5-41}$$

式中　n——轧制道次；

F_0——坯料断面积；

F_n——成品断面积；

μ_m——平均延伸系数。

平均延伸系数的确定和轧件的形状、所采用的孔型系统、轧辊与轧件的材质以及轧制温度等有关。当轧辊不带刻痕时，平均延伸系数取 1.27~1.32。所用孔型系统不同，延伸系数的差别很大。各种常用孔型系统的延伸系数见表 5-4。

表 5-4 各种常用孔型系统的延伸系数

孔型系统	延伸系数	平均延伸	宽展系数
箱-方	1.15~1.60	1.25~1.40	1.20~1.35
菱-方	1.25~1.45	—	1.25~1.50
菱-菱顶角 $\alpha = 97° \sim 110°$	1.35~1.45	1.25~1.35	1.20~1.35
椭-方	1.15~2.0	1.3~1.6	1.3~2.0
六角-方	1.35~1.8	1.4~1.6	1.25~2.0
椭-立椭	1.15~1.55	1.15~1.34	1.30~1.60
椭-圆	1.2~1.6	1.2~1.4	1.3~1.45

B 确定各道次延伸系数的上下限

根据所选用的孔型系统，工艺设备情况及现场中的使用经验，可以确定各道次延伸系数的上、下限。此处所定出的上、下限只是为了确定搜索区间。无需考虑强度、电机能力、咬入能力的限制，而是在计算过程中再引入这些约束条件。在进行总道次为 22 的圆钢孔型设计时，根据所选择的孔型系统，定出如表 5-5 所示的上、下限。

表5-5 各孔型延伸系数的上、下限

孔　型	箱形	箱形	平椭	圆	椭圆	圆	椭圆	圆	椭圆	圆	椭圆
延伸系数上限 u_2	1.40	1.30	1.30	1.30	1.30	1.25	1.30	1.25	1.40	1.30	1.35
延伸系数下限 u_1	1.20	1.20	1.20	1.25	1.25	1.20	1.20	1.20	1.30	1.25	1.25
孔　型	圆	椭圆	圆	椭圆	圆	椭圆	圆	椭圆	圆	椭圆	圆
延伸系数上限 u_2	1.30	1.30	1.30	1.30	1.25	1.30	1.25	1.25	1.25	1.25	1.25
延伸系数下限 u_1	1.20	1.20	1.20	1.25	1.20	1.25	1.20	1.15	1.15	1.15	1.15

C 主程序的编制与运算结果

利用并列选择法求解多目标最优化问题，其中适应度函数应用惩罚函数法进行确定。个体数目取300，最大遗传代数为300，变量数目69，变量的二进制位数取25，代沟为0.9，运用MATLAB工具箱函数进行编程。

计算出各个道次孔型的相关参数，见表5-6和表5-7。为了便于比较，把优化前的设计方案也一并列出，见表5-8和表5-9。

表5-6 棒材连续轧制孔型尺寸表（优化）

道次	孔型形状	轧辊转速 /r·min^{-1}	轧辊工作直径/mm	孔型宽度/mm	孔型高度/mm	辊缝/mm	轧件面积/mm^2
1	箱形孔	5.83	733.92	205.64	136.08	30.00	25120.0
2	箱形孔	7.35	721.51	163.54	148.49	30.00	20284.0
3	平椭孔	8.91	749.63	195.07	105.38	15.00	16099.0
4	圆孔	12.00	723.34	132.91	116.50	12.00	12384.0
5	椭圆孔	11.18	660.03	165.94	84.98	15.00	9526.60
6	圆孔	14.11	642.26	106.08	97.74	10.00	7754.00
7	椭圆孔	17.38	666.72	139.46	73.28	12.00	6066.80
8	圆孔	21.47	658.33	84.65	79.67	8.00	4972.80
9	椭圆孔	41.08	467.88	117.80	50.12	8.00	3656.50
10	圆孔	53.81	457.23	65.62	58.77	6.00	2856.60
11	椭圆孔	68.28	475.33	90.13	41.67	7.00	2165.30
12	圆孔	87.53	467.23	52.31	47.78	5.00	1718.50

道次	孔型形状	轧辊转速/r·min^{-1}	轧辊工作直径/mm	孔型宽度/mm	孔型高度/mm	辊缝/mm	轧件面积/mm^2
13	椭圆孔	132.14	393.01	65.97	32.99	6.00	1353.20
14	圆孔	167.33	387.95	39.64	36.05	4.00	1082.60
15	椭圆孔	210.77	400.37	55.02	24.13	4.00	832.82
16	圆孔	268.19	393.27	32.54	29.73	3.00	666.31
17	椭圆孔	395.73	343.18	44.62	19.32	2.50	517.48
18	圆孔	494.39	337.77	27.85	24.73	2.50	420.85
19	椭圆孔	573.54	346.30	36.76	16.20	2.50	353.84
20	圆孔	703.75	341.47	20.41	19.09	2.00	292.45
21	椭圆孔	831.27	349.42	24.06	13.48	2.20	241.95
22	圆孔	992.32	345.39	16.71	16.11	1.50	205.05

表5-7 棒材连续轧制工艺参数表（优化）

道次	延伸系数	轧制速度/m·s^{-1}	轧制力/kN	轧制力矩/kN·m	轧制温度/℃	负荷/%
1	1.2898	0.2241	3252.800	399.4000	1030	57.5000
2	1.2384	0.2775	2948.000	390.2500	986.47	51.8100
3	1.2600	0.3497	3182.000	341.1200	984.97	54.9200
4	1.3000	0.4546	2977.900	312.7900	985.19	67.8400
5	1.2999	0.3863	2688.900	272.5300	986.71	55.0400
6	1.2286	0.4746	1888.100	164.3700	941.66	46.1200
7	1.2781	0.6065	1726.500	232.3900	942.77	53.3200
8	1.2200	0.7400	1553.300	113.2900	944.97	47.9100
9	1.3600	1.0064	1584.400	123.8200	946.62	67.1700
10	1.2800	1.2881	1182.900	67.9830	952.65	66.0100
11	1.3193	1.6994	842.460	73.6040	957.48	66.3700
12	1.2600	2.1413	735.280	40.3380	958.75	63.8000
13	1.2699	2.7192	672.530	36.1810	962.99	63.1300
14	1.2500	3.3991	575.070	19.5300	967.48	59.0500

道次	延伸系数	轧制速度 /m·s^{-1}	轧制力 /kN	轧制力矩 /kN·m	轧制温度 /℃	负荷 /%
15	1.2999	4.4184	534.130	23.6570	971.66	65.8400
16	1.2499	5.5226	396.480	14.3710	977.11	69.6500
17	1.2876	7.1109	326.090	13.1510	981.58	68.7200
18	1.2296	8.7436	188.870	7.7739	975.81	69.4500
19	1.1894	10.4000	254.060	8.9176	979.64	67.5400
20	1.2099	12.5820	187.440	5.2257	983.07	66.4500
21	1.2087	15.2080	169.240	4.8171	987.40	52.8800
22	1.1800	17.9460	121.620	3.2785	984.90	58.7900

表 5-8 棒材连续轧制孔型尺寸表（未优化）

道次	孔型形状	轧辊转速 /r·min^{-1}	轧辊工作直径/mm	孔型宽度/mm	孔型高度 /mm	辊缝 /mm	轧件面积 /mm^2
1	箱形孔	6.20	728.97	204.32	135.00	30.00	25798.50
2	箱形孔	7.50	724.53	161.44	145.00	30.00	21599.20
3	平椭孔	9.70	754.61	195.00	108.00	15.00	15889.50
4	圆孔	12.70	715.00	130.55	125.00	12.00	12271.80
5	椭圆孔	10.80	637.32	178.00	82.00	15.00	9625.00
6	圆孔	13.60	628.80	104.44	100.00	10.00	7854.00
7	椭圆孔	16.40	655.51	138.79	68.00	12.00	6243.00
8	圆孔	20.40	648.03	84.81	81.00	8.00	5153.00
9	椭圆孔	38.20	453.17	120.00	48.00	8.00	3853.90
10	圆孔	50.20	447.26	65.17	62.00	6.00	3019.10
11	椭圆孔	62.90	465.63	90.51	39.00	7.00	2311.40
12	圆孔	80.30	460.92	51.11	48.50	5.00	1847.50
13	椭圆孔	124.0	385.38	75.26	30.00	6.00	1416.80
14	圆孔	158.30	381.54	40.08	38.00	4.00	1134.10
15	椭圆孔	198.80	392.76	55.24	24.00	4.00	876.90
16	圆孔	250.60	389.64	31.57	30.00	3.00	706.90

续表 5-8

道次	孔型形状	轧辊转速/r·min⁻¹	轧辊工作直径/mm	孔型宽度/mm	孔型高度/mm	辊缝/mm	轧件面积/mm²
17	椭圆孔	367.20	338.22	45.14	19.00	2.50	554.40
18	圆孔	455.10	335.71	25.10	24.00	2.50	452.40
19	椭圆孔	560.20	342.37	37.92	16.00	2.50	360.80
20	圆孔	753.00	340.16	20.54	19.50	2.00	298.60
21	椭圆孔	805.60	345.69	24.82	14.00	2.20	250.00
22	圆孔	982.20	343.81	16.79	16.19	1.50	206.50

表 5-9　棒材连续轧制工艺参数表（未优化）

道次	延伸系数	轧制速度/m·s⁻¹	轧制力/kN	轧制力矩/kN·m	轧制温度/℃	负荷/%
1	1.2820	0.240	2752.820	302.5260	1030.00	46.30
2	1.1940	0.280	2298.100	295.0094	1019.00	46.14
3	1.3590	0.390	2551.920	328.4274	1010.00	52.81
4	1.2950	0.500	2556.820	246.8816	1002.00	70.53
5	1.2750	0.380	2395.120	267.9124	963.00	56.67
6	1.2250	0.470	1597.400	170.6474	963.00	46.14
7	1.2580	0.590	1761.060	170.9610	959.00	55.44
8	1.2120	0.720	1211.280	112.6314	960.00	45.26
9	1.3370	0.960	1429.820	117.4040	959.00	64.74
10	1.2770	1.230	846.720	66.9242	966.00	66.32
11	1.3060	1.600	972.160	67.6200	965.00	61.28
12	1.2510	2.010	612.500	41.6892	973.00	66.14
13	1.3040	2.610	660.520	37.5242	978.00	67.18
14	1.2490	3.270	405.720	22.5694	988.00	70.52
15	1.2930	4.220	474.320	23.7062	993.00	71.80
16	1.2410	5.240	294.000	14.2982	1004.00	71.93
17	1.2750	6.680	326.340	13.5436	996.00	64.87
18	1.2250	8.190	200.900	8.0066	1009.00	71.93
19	1.2540	10.270	223.440	8.0066	1017.00	64.87
20	1.2080	12.400	146.020	5.0568	1028.00	68.07
21	1.1950	14.820	148.960	4.5080	1024.00	52.44
22	1.2110	17.940	109.760	3.2438	1032.00	62.81

优化前后的轧机负荷见表 5-10。通过优化设计，棒材连轧机的粗、中轧机组及精轧机组实现了轧机负荷相对均衡，使轧制过程的轧机负荷分配趋于合理。优化前后的轧机负荷如图 5-3 所示。

表 5-10 优化前后轧机负荷数据

道次	轧机负荷/%		与原孔型比较/%	道次	轧机负荷/%		与原孔型比较/%
	原孔型	优化孔型			原孔型	优化孔型	
1	46.30	45.09	-2.61	12	66.14	63.80	-3.54
2	46.14	51.81	12.29	13	67.18	63.13	-6.03
3	52.81	54.92	4.00	14	70.52	59.05	-16.26
4	70.53	67.84	-3.81	15	71.80	65.84	-8.30
5	56.67	55.04	-2.88	16	71.93	69.65	-3.17
6	46.14	46.12	-0.04	17	64.87	68.72	5.93
7	55.44	53.32	-3.82	18	71.93	69.45	-3.45
8	45.26	47.91	5.86	19	64.87	67.54	4.12
9	64.74	67.17	3.75	20	68.07	66.45	-2.38
10	66.32	66.01	-0.47	21	52.44	52.88	0.84
11	61.28	66.37	8.31	22	62.81	58.79	-6.40

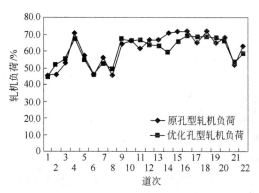

图 5-3 孔型优化前后的轧机负荷

6 多目标遗传算法和有限元法相结合的优化方法及应用

6.1 多目标遗传算法和有限元法相结合的优化思想

在实际工程中，结构优化设计的方法一直是科学工作者和工程技术人员最为关注的问题之一。20世纪60年代以来，随着计算机计算能力的不断提高，人们把有限元分析的方法和各种数学规划方法相结合，并逐步发展成为一种系统和成熟的方法，使得结构优化的技术得到了更快的发展。近年来，遗传算法的提出与发展是优化方法的一大进步，它是基于自然界生物进化理论而演变出来的一种进化计算方法，其优点是在函数寻优过程中不要求计算函数梯度，对问题本身不具有依赖性。此外，它是一种全局寻优搜索算法，能以较大的概率找到问题的全局最优解[80]。

将有限元法和遗传算法优化技术集成，可以实现机械零件在真正意义上的计算机辅助设计，更重要的是可以得到产品的最佳性能价格比。如果把有限元方法和遗传算法有机地结合起来，充分发挥有限元数值计算的准确性及遗传算法求极值的高效性和全局性，将在工程分析中发挥巨大的作用。

在 ANSYS 有限元分析软件中，提供了两种优化方法，即零阶方法和一阶方法[81]，它们可以处理绝大多数的优化问题。其中零阶方法虽然采用的是在搜索空间内随机搜索，但它采用的是传统的优化方法，初始点的选择影响着优化的结果，反映了传统优化方法的缺点。一阶方法是一种间接的方法，它要求使用因变量的一阶偏导数，计算量大而费时。因此，对于不存在一阶偏导数的目标函数的优化问题以及大型复杂的非线性问题，一阶方法就显得无能为力了。

另外在 ANSYS 自带的优化方法中，设计变量和约束条件只能是以 $a < x < b$ 这种形式出现，并且需要把多目标函数转化为单目标函数，而在实际的工程问题中，设计变量的形式和约束条件的形式往往比较复杂，需要对多个目标函数分别、综合加以考虑，所以用 ANSYS 自带的优化程序进行优化时，就无法执行。如果把 ANSYS 有限元程序作为一个求解器来用，发挥有限元程序计算准确的特点，而用遗传算法程序作为优化的主程序，让其进行全局搜索，把两者的优点结合起来，就能解决复杂的、大型的工程实际问题。

6.2　多目标遗传算法和有限元程序的结合方法

在遗传算法和有限元相结合的程序中，遗传算法程序对有限元程序的调用及实现两者之间数据的传递是两种程序相结合的关键。

6.2.1　APDL 语言简介

APDL 是 ANSYS parametric design language 缩写，即 ANSYS 参数化设计语言，它是一种类似 FORTRAN 的解释性语言，提供一般程序语言的功能，如参数、宏、标量、向量及矩阵运算、分支、循环、重复以及访问 ANSYS 有限元数据库等；另外，还提供简单界面定制功能，实现参数交互输入、消息机制、界面驱动和运行应用程序等。

利用 APDL 的程序语言与宏技术组织管理 ANSYS 的有限元分析命令，就可以实现参数化建模、施加参数化载荷与求解以及参数化后处理的结果显示，从而实现参数化有限元分析的全过程，这是 ANSYS 批处理分析的最高技术。在参数化的分析过程中可以简单地修改其中的参数达到反复分析各种尺寸、不同载荷大小的多种设计方案或者实现序列性产品，极大地提高分析效率，减少分析成本。同时，以 APDL 为基础，用户可以开发专用有限元分析程序，或者编写经常重复的功能小程序，如特殊载荷施加宏、按规范进行强度或者刚度校核宏等。

另外，APDL 也是 ANSYS 设计优化的基础，只有创建了参数化的分析流程才能对其中的设计参数执行优化改进，达到最优化设计目标。

　　总之，APDL 扩展了传统有限元分析范围之外的能力，提供了建立标准化零件库、序列化分析、设计修改、设计优化以及更高级的数据分析处理能力，包括灵敏度研究等[82,83]。

6.2.2　多目标遗传算法和有限元法相结合的方法

　　采用多目标遗传算法和有限元法相结合的方法（简称 MOGA-FEM）对结构进行优化设计，主要包括结构分析和遗传优化两个部分。图 6-1 为优化设计流程图。结构分析部分应用有限元分析软件 ANSYS 进行，建立结构有限元分析模型，对结构进行有限元分析。根据优化部分确定的设计变量来计算单元应力，并对目标函数和约束条件进行计算。优化部分则采用遗传算法进行结构优化，包括函数变换和最优状态探索等。首先建立适应度函数，通过选择、交叉和变异

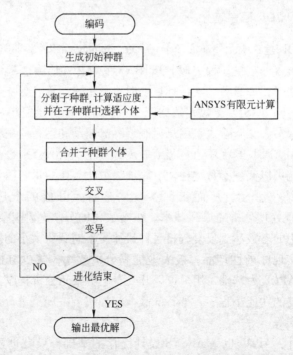

图 6-1　遗传算法和有限元分析软件优化设计相结合的流程

3 种基本遗传操作，形成新一代群体，使适应度函数值随群体的进化不断增大，目标函数值不断降低，直至达到最优状态。

考虑到程序的工程实用性以及易操作性，本节选用了遗传算法工具箱函数作为编程语言，编写了遗传算法主程序，并结合大型通用有限元软件 ANSYS 提供的二次开发语言 APDL 进行优化程序的开发。该程序有以下主要优点：

（1）调用 ANSYS 进行结构分析建模，具有标准的输入/输出格式；

（2）采用遗传算法工具箱函数编程，具有简单、实用、易于操作的特点；

（3）程序应具有良好的可移植性，不依赖于特定的硬件设备，只要能安装 ANSYS 和 MATLAB 的硬件环境都能使用本程序，保证程序使用的广泛性。

上述这些优点，保证了程序的通用性和可持续开发性，并能满足多种设计要求。

在实际编程中由于 MATLAB 中的变量与 ANSYS 的 APDL 语言中的设计变量不能直接交换数据，因此在进行数据交换时，本节采用了以下方法：在 MATLAB 程序中将变量结果写到一个文件中，然后用 APDL 语言把这个文件的数据读入 ANSYS 前处理程序中，再由 ANSYS 软件进行新的有限元分析计算；计算结束之后，再由 ANSYS 软件的后处理功能得到相应的结果，并将结果数据输出到文件中；最后用 MATLAB 程序读入此文件中的数据，进行下一步处理。

在优化过程中，把优化程序中的设计变量作为遗传算法程序中个体的自变量，传递给用 APDL 语言编写的文本文件。把用 ANSYS 有限元软件求解所得的结果作为遗传算法程序中个体的目标函数，这样就实现了两者数据的传递。把遗传算法和有限元程序结合起来，必须实现 MATLAB 自动调用 ANSYS 有限元程序。ANSYS5.7 提供了一种批处理方式的格式："ansys57-b-p ansys_product_feature-i input_file-o output_file"，其中 input_file 和 output_file 分别为输入和输出文件名。这种格式的说明可以在 ANSYS 帮助文件的 "Interactive Versus Batch Mode" 中找到。ansys_product_feature 为 ANSYS 产品特征代码[83]。

调用命令如下：

result = system（'d：/ANSYS57/BIN/INTEL/ANSYS57-b-p ansys_ product_feature-i input_file -o output_file'）

6.3　多目标遗传算法和有限元法相结合程序的计算步骤

多目标遗传算法和有限元法相结合的计算步骤如下：

（1）编码。遗传算法在进行搜索之前，将变量编成一个定长的编码——用二进制字符串来表示，这些字符串的不同组合，便构成了搜索空间不同的搜索点。

（2）产生初始群体。随机产生 N 个字符串，每个字符串代表一个个体。

（3）按目标函数的个数分割子群体，对每个子群体进行如下操作：计算目标函数值（此步调用 ANSYS 有限元程序，将 ANSYS 有限元程序得到的后处理结果传给 MATLAB 程序作为目标函数值）；计算每个个体的适应度，本课题中采用线性排序法和选择压差为 2 估算适应度；用随机遍历抽样方法在每个子种群中选择个体。

（4）将每个子种群中选择出的个体进行合并。

（5）交叉操作。本文中采用的是单点交叉操作。

（6）变异。对个体按给定的概率进行变异，形成新一代群体。

（7）将步骤（6）产生的个体重复进行（3）~（6）的操作，直至完成规定的遗传迭代总次数。对于优化运算后所产生的 Pareto 最优解集内的非劣解，定义适应度函数（适应度函数越小则解越优）为：

$$s = \frac{f_1 - f_{1min}}{f_{1max} - f_{1min}} + \frac{f_2 - f_{2min}}{f_{2max} - f_{2min}} + \cdots + \frac{f_n - f_{nmin}}{f_{nmax} - f_{nmin}} \tag{6-1}$$

式中　f_{1min}，f_{1max}——分别为 Pareto 最优解集中子目标函数 f_1 的最小值和最大值；

f_{2min}，f_{2max}——分别为 Pareto 最优解集中子目标函数 f_2 的最小值和最大值；

f_{nmin}，f_{nmax}——分别为 Pareto 最优解集中子目标函数 f_n 的最小值和最大值。

6.4 多目标遗传算法和有限元法相结合的程序

对于求解多目标优化问题的 Pareto 最优解，目前已有多种基于遗传算法的求解方法，如权重系数选择法、并列选择法、排列选择法、共享函数法和混合法等。本节采用的是并列选择法，其基本思想是先将群体中的全部个体按子目标函数的数目均等地划分为一些子群体，对每个子群体分配一个子目标函数，各个子目标函数在相应的子群体中独立地进行选择运算，各自选择出一些适应度高的个体组成一个新的子群体，然后再将所有这些新生成的子群体组成一个完整的群体，在这个群体中进行交叉和变异操作，从而生成下一代完整群体，如此不断地进行"分割—并列选择—合并"操作，最终可求出多目标优化问题 Pareto 最优解。

其具体程序如下：

⋮

While gen<MAXGEN，

[NIND,N] = size(chrom)；

M = fix（NIND/2)；

ObjV1 = objective（V(1：m,：))；

FitnV1 = ranking（ObjV1)；

Selch1 = select（'sus'，chrom（1：m,：），FitnV1，GGAP)；

ObjV2 = objective2（V((m+1)：NIND,：），FitnV2，GGAP)；

⋮

Gen = gen+1；

end

6.5 多目标遗传算法和有限元法相结合优化波纹轨腰钢轨的波纹参数

波纹轨腰钢轨已经在燕山大学轧机研究所轧制成功，轧制成品如图 6-2 所示。为了更清楚地显示轨腰部分，图 6-3 列出了轨腰部分的截面图。考虑到轧制加工过程，波纹轨腰钢轨的曲线用正弦曲线来代替，而这种钢轨的力学性能直接受轨腰波纹参数的影响。因此，优化波纹轨腰的曲线参数，对于提高波纹轨腰钢轨的力学性能是十分必要的[84]。

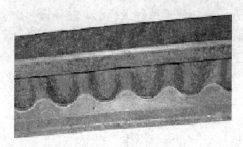

图 6-2　波纹轨腰钢轨

图 6-3　波纹轨腰钢轨纵截面

6.5.1　优化的有限元模型

本节采用的有限元模型如图 6-4 所示。此有限元模型比较真实地反映了轮轨的接触情况。轮子和钢轨的材料模型均为弹塑性本构关系的材料，取为双线性，其材料参数见表 6-1。将轨枕看成是高性能混凝土材料，其材料参数见表 6-2。在单个轮子上所施加的垂向载荷（即轴重的一半）为 150kN。波纹轨腰钢轨的模型是以普通 60kg/m 的重轨尺寸为参考建立的，轨的长度为 1m。为了提高计算精度，在轮轨的接触区域，网格划分得比较密；在非接触区域，轮子和钢轨上的网格划分得相对较疏。轮子采用扫略的方式划分。由于波纹轨腰钢轨的形状比较复杂，在形状比较规则的区域用扫略的形式划分网格，在形状不规则的区域用自由形式划分网格。图 6-4 和图 6-5 所示为钢轨中和轮子相接触的区域网格的划分。

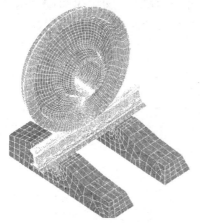 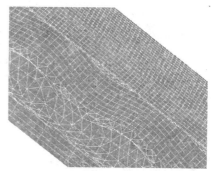

图 6-4 轮轨模型　　　　　图 6-5 波纹轨腰钢轨的有限元模型

表 6-1 钢轨和轮子的材料参数

名称	弹性模量/MPa	材料密度/mg·mm⁻³	剪切模量/MPa	泊松比
数值	210000	7.85	21000	0.3

表 6-2 轨枕的材料参数

名　称	弹性模量/MPa	材料密度/mg·mm⁻³	泊松比
数值	30704	2.12	0.17

6.5.2 优化方法

为了与 ANSYS 自带的优化方法相比较，本节采用了三种方法进行优化：第一种方法为 ANSYS 有限元软件自带的零阶优化方法；第二种方法为 ANSYS 有限元软件自带的一阶优化方法；第三种方法为用 MATLAB 程序语言编写的多目标遗传算法和有限元程序相结合的优化方法。

三种优化方法均采用 APDL 语言建立了 ANSYS 命令流文件。在第三种方法中，把用 APDL 语言建立的命令流文件用 MATLAB 程序语言写出，并把此文件传给 ANSYS 程序，然后 ANSYS 有限元程序计算的结果返回给 MATLAB 程序。从而 ANSYS 有限元程序起到了求解器的作用，发挥了有限元程序计算准确的特点。而用 MATLAB 编制的遗传算法程序，让其发挥遗传算法求极值时的高效性和全局性的特点。

6.5.3 优化分析

（1）设计变量的选取。在本计算实例中，由于波纹轨腰钢轨的波纹参数对钢轨的承载能力、稳定性、屈曲强度等都有明显的影响，因此将波纹参数中的波长 a、波幅 b 及轨腰的厚度一半 w 作为设计变量。

（2）目标函数的确定。普通平轨腰钢轨为了克服其受压屈曲、过分弯曲变形、轨腰弯曲疲劳应力产生裂纹等问题不得不增加轨腰厚度，从而增加钢轨的材料用量，使得钢轨向重型化发展。而波纹轨腰钢轨这种新型钢轨结构，把平轨腰用波纹轨腰来代替，其目的就是在不增加钢轨质量的前提下，提高钢轨的强度和刚度。所以优化的目标函数为波纹轨腰钢轨的质量 wt 和侧向弯曲位移 y。约束条件为由 ANSYS 有限元程序后处理过程中得到的等效的最大 Von-Mises 应力。

波纹轨腰钢轨优化的数学模型为：

$$\begin{cases} \min wt = \rho v \\ \min y \\ \text{s. t. } \sigma_{\max} \leqslant \bar{\sigma} \\ x_i \leqslant x_i \leqslant \bar{x_i}(i = 1, 2, 3) \end{cases} \tag{6-2}$$

式中 ρ ——钢轨材料密度；

v ——钢轨体积由有限元程序后处理命令获得；

wt ——长度为 1 m 的波纹轨腰钢轨的质量；

y ——钢轨在受力时的侧向弯曲总位移；

$\sigma_{\max}$ ——钢轨中单元对应的最大等效 Von-Mises 应力；

$\bar{\sigma}$ ——钢轨材料的最大许用应力；

x_i ——对应三个设计变量 a、b、w；

$\underline{x_i}$，$\overline{x_i}$ ——分别对应三个设计变量的下界和上界。

（3）优化结果分析。零阶优化方法和一阶优化方法的设计变量的初始值为：$a = 52mm$，$b = 8.25mm$，$w = 8.25mm$，三种优化方法的对于这三个设计变量的取值范围分别为：a 为 [50，100]，b 为 [5，15]，w 为 [5，10]。其中 a 的取值范围是由齿型辊的强度决定的，若 a 的取值太小，造成轧制波纹轨腰的齿型辊的齿数较多，使齿型辊的强度较低；若 a 的取值太大，则齿型辊的直径较大，使齿型辊的加工和制造费用较大。b、w 的取值是由轨头的宽度尺寸决定的，b、w 之和不超过轨头宽度的一半。三种优化方法得到的优化结果见表6-3。

表6-3 三种优化结果比较

参 数	零阶优化	一阶优化	MOGA 和 FEM 结合
a /mm	99.679	56.735	58.339
b /mm	7.5074	9.6127	7.6670
w /mm	5.6952	5.6324	5.0000
wt /kg	52.371	52.339	51.233
y /mm	1.1592	1.0185	0.9482
S_{max} /MPa	759.33	786.06	708.01

从表6-3中可以看出，多目标遗传算法和有限元相结合的优化结果中波纹轨腰钢轨的质量为 51.233kg，Y 方向总位移为 0.9482mm。较普通钢轨的质量（60 kg/m）减轻了 14.61%，明显优于 ANSYS 零阶优化方法得到的质量为 52.371kg，Y 方向总位移为 1.1592mm 的优化结果，并且优于 ANSYS 一阶方法所得到的质量为 52.339kg，Y 方向总位移为 1.0185mm 的优化结果。由此可见，多目标遗传算法和有限元相结合的优化方法能够取得更好的优化结果。

从计算时间来看，零阶优化方法的计算时间比较短，一阶优化方法的计算时间比较长，而遗传算法和有限元结合的优化方法，由于在计算时遗传算法的群体规模比较大，进化代数较多，而计算每个个体的目标值时，都要反复调用 ANSYS 程序，因此所用的时间最长。

6.6　多目标遗传算法和有限元法相结合优化连铸坯冷却参数[85]

6.6.1　优化数学模型

为减少甚至是避免铸坯异型坯出现裂纹等质量问题，必须对涉及传热过程的连铸工艺参数进行优化，而且优化过程要考虑到优化后实际生产的可行性和经济性。经过与现场技术人员的反复商榷，并借鉴了板坯窄面取消冷却水的成功经验，同时在大量反复计算的基础上，认为最佳优化途径是在满足冶金限制准则的前提下，从二冷三段中部切断腹板的喷水，让腹板自然冷却，同时对二冷各段配水重新进行优化调整。另外，目前异型坯矫直采用的是单点矫直，如有条件应考虑多点矫直。

6.6.1.1　冶金准则

连铸过程冶金准则随钢种和铸坯坯型的不同而不同。受产品质量和操作过程可行性的限制一般连铸冶金准则包括出结晶器坯壳厚度（s_m）、冶金长度（T_{center}）、二冷区铸坯表面温度（$T_{surface}$）、矫直点铸坯表面温度（$T_{unbending}$）、铸坯表面最高返温（ΔT_{max}）、比水量（WR）、冷却水量（W_{sprays}）等。异型坯连铸应遵循以下限制准则：

（1）出结晶器坯壳厚度（s_m）。为避免因拉坯力和钢水静压力影响而出现的拉漏事故，出结晶器坯壳厚度必须大于某一最小值。一般在正常生产条件下，异型坯连铸的出结晶器坯壳厚度应大于 12mm。

$$s_m \geqslant 12 \text{ mm} \quad \text{或} \quad T_{12mm} \leqslant T_s \tag{6-3}$$

式中　T_{12mm}——在结晶器出口处距铸坯表面 12mm 处的温度；

T_s——钢的固相温度。

（2）冶金长度（T_{center}）。为避免在矫直点处因铸坯大变形而引起的内裂纹、横向裂纹和中心偏析，应保证铸坯在到达矫直点以前应完全凝固。

$$T_{center} \leqslant T_s \tag{6-4}$$

（3）二冷区铸坯表面温度（$T_{surface}$）。为避免因铸坯表面温度过大波动而引起的裂纹，二冷区铸坯表面温度应控制在 800~1200℃ 之间。

$$800 < T_{surface} < 1200 \qquad (6-5)$$

（4）铸坯表面最高返温（ΔT_{max}）。当铸坯由强冷段向若冷段移动时将会返温（图6-6），返温会引起凝固前沿张应力的发展，导致产生裂纹。为保证铸坯质量，这里将150℃最为铸坯的最高返温限制。

$$\Delta T_{max} \leqslant 150 \qquad (6-6)$$

式中 ΔT——每一冷却区间的铸坯表面返温；

ΔT_{max}——整个过程的最高返温。

（5）矫直点铸坯表面温度（$T_{unbending}$）。为避免铸坯表面横向裂纹的产生，矫直点处铸坯表面温度应在低延展区之外。也就是说，表面温度或者大于低延展区的最高温度，或者小于该区的最低温度。根据Q235B的高温极限应力曲线，该钢种低延展区在750~850℃之间。与第三个限制条件相结合可知，铸坯表面温度应大于850℃，因此该限制条件为：

$$T_{unbending} > 850 \qquad (6-7)$$

（6）冷却水量（W_{sprays}）。受水动力系统的影响，铸坯各段的冷却水量消耗均有一个最大值和最小值，即：

$$W_{minsprays} \leqslant W_{sprays} \leqslant W_{maxsprays} \qquad (6-8)$$

6.6.1.2 优化变量

优化设计中采用了设计变量、状态变量和目标函数三种变量，其中优化分析过程中的独立变量（自变量）为设计变量；状态变量也是因变量，是设计变量的函数；目标函数是需进行最小化的变量。本小节以二冷各段水量作为要优化参数（设计变量），以二冷各段的总水量消耗作为目标函数，以对某一拉速下的二冷水量进行优化为最终目的。这三种类型变量及它们的限制条件如下：

设计变量：

（1）W_{spray1} $W_{minspray1} \leqslant W_{spray1} \leqslant W_{maxspray1}$ $\qquad (6-9)$

（2）W_{spray2} $W_{minspray2} \leqslant W_{spray2} \leqslant W_{maxspray2}$ $\qquad (6-10)$

$$(3)\ W_{spray3} \qquad W_{minspray3} \leqslant W_{spray3} \leqslant W_{maxspray3} \qquad (6\text{-}11)$$

$$(4)\ W_{spray4} \qquad W_{minspray4} \leqslant W_{spray4} \leqslant W_{maxspray4} \qquad (6\text{-}12)$$

$$(5)\ W_{spray5} \qquad W_{minspray5} \leqslant W_{spray5} \leqslant W_{maxspray5} \qquad (6\text{-}13)$$

状态变量：

$$(1)\ s_m \qquad\qquad T_{12mm} \leqslant T_s \qquad\qquad (6\text{-}14)$$

$$(2)\ T_{center} \qquad\qquad T_{center} \leqslant T_s \qquad\qquad (6\text{-}15)$$

$$(3)\ T_{surface} \qquad 800 < T_{surface} < 1200 \qquad (6\text{-}16)$$

$$(4)\ T_{unbending} \qquad T_{unbending} > 850 \qquad\qquad (6\text{-}17)$$

$$(5)\ \Delta T_{max} \qquad\qquad \Delta T_{max} \leqslant 150 \qquad\qquad (6\text{-}18)$$

目标函数 obj：

$$\text{obj} = W_{spray1} + W_{spray2} + W_{spray3} + W_{spray4} + W_{spray5} \qquad (6\text{-}19)$$

6.6.2　两种优化算法

　　为使各优化算法之间相互验证并充分对比各优化算法的优劣性，这里采用了两种不同的优化计算方法：第一种方法即为本章节讨论的用 MATLAB 程序语言编写的多目标遗传算法和有限元程序相结合的优化方法；第二种方法为 ANSYS 有限元软件自带的子问题接近优化方法。

　　子问题接近法（subproblem approximation method，又称为 response surface approximation）是一种零阶算法，它不需要自变量的导数，只需要自变量的实际值。计算时，程序建立起目标函数与设计变量的拟合曲线，即程序为几组设计序列计算目标函数，然后在这些数据点上执行尽可能小的面拟合；最后应用罚函数把最小化目标函数的限制性问题转化成为非限制性问题。计算结果曲线被称作"接近"。每一次优化循环都产生一组新数，目标函数也得以更新。状态变量以同样的方式进行处理，每一次接近以后状态变量将被更新。每执行一次循环，系统都检查一次问题是否收敛。计算完成后，即可以得到一系列的可行解和最优解。

　　在第二种方法中，把用 APDL 语言建立的命令流文件用 MATLAB 程序语言写出，并把此文件传给 ANSYS 程序，然后 ANSYS 有限元程序计算的结果返回给 MATLAB 程序。从而 ANSYS 有限元程序起到了求解器的作用，发挥了有限元程序计算准确的特点。而用 MATLAB 编制的遗传算法程序，让其发挥遗传算法求极值时的高效性和全局性的特点。

实际上，不论是哪种优化方法，整个优化系统包括两个模块：一个是热过程模拟模块，另一个是设计优化模块。热过程模块的主要任务是对给定过程参数和设备参数下的连铸热过程进行模拟；设计优化模块中包含冶金限制准则和优化方法等内容。系统靠在两个模块之间反复自动循环调用而使连铸过程参数得到优化。热过程模块的结果将输入到优化模块中并在其中得到分析和修正；修正后的参数又作为新的输入变量输入到热过程模块，如此这样反复循环直到得到最佳的参数设置为止，这组参数设置必定是符合操作条件和限制准则的最优解。也就是说，整个优化系统的任务就是通过一系列的分析—评价—修正循环来寻找最优设计序列。

6.6.3　异型坯连铸二冷配水方案优化结果

两种优化方法得到的优化结果见表 6-4。

表 6-4　两种优化方法结果比较　　　（L/min）

水量	一段	二段	三段前半段	三段后半段	四段	五段	总水量
原水量	253	188	57	57	47	21	623
子问题法优化水量	230.9	171.3	59.7	52.9	24.1	7.2	546.1
遗传算法优化水量	232.8	175.1	58.4	51.8	15.4	5.9	539.4

对比两种算法的优化结果不难发现，两种算法得到的二冷配水方案和每个区域的配水量非常相似，这就相互印证了两种优化算法的合理性。同样由表 6-4 可以看出，不论哪种算法，优化后均使铸坯的二冷配水得到合理减少和改进，尤其是应用 MOGA 和 FEM 相结合优化算法总水量相对更少（子问题算法优化后节水 12.3%，遗传算法优化后节水 13.4%），因此推荐生产上采用第二种配水方案。由于优化算法是在保证冶金准则的前提下进行的计算，因此应

用优化后的配水方案，可使连铸工艺参数得到最大限度的配置，减少缺陷发生率和溢漏率，从而大大提高生产率、作业率、连浇炉数及连铸坯质量。

图6-6列出了应用遗传算法优化后几个特殊点的温度历程。由该图不难发现，二冷区（43~625s）异型坯腹板表面、R角、翼缘表面和窄面温度均在800~1200℃之间，各点的表面返温均小于150℃；矫直点处（1171s）异型坯表面几个特殊点的温度均处于低塑性区之外；异型坯完全凝固的时间（特殊点5达到凝固温度1464℃的时间）为594s，即冶金长度为9.7m，该位置仍在二冷出口之内。由于本次优化没有涉及结晶器水量，因此铸坯出结晶器坯壳厚度不会改变。

图6-7列出了优化前后腹板表面中心点温度的对比情况。由图可以看出，优化后的腹板表面温度在二冷三段后出现了返温，之后表面温度下降的趋势明显放缓，到达矫直点时，该点温度刚刚高于850℃。图6-8列出了优化前后腹板表面中心点等效应力对比。由图6-8同样也可以看出，优化后腹板表面尤其是在二冷后半段的等效应力明显减小，等效应力增大的趋势也有所缓和。表面温度和等效应力的这些变化都会预示着异型坯发生裂纹的几率会明显减少，异型坯的质量会得到明显改善。

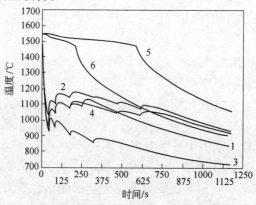

图6-6　优化后几个特殊点的温度历程

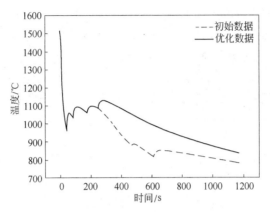

图 6-7　优化前后异型坯腹板表面温度对比

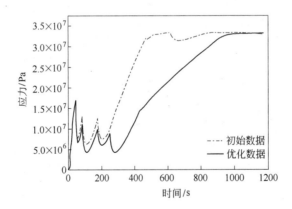

图 6-8　优化前后异型坯腹板表面等效应力对比

6.6.4　算法比较

比较两种优化算法的优化过程可发现：子问题优化方法计算开始时应事先输入每个二冷段的初始水量范围，整个计算时间相对较短（几个小时）；但因优化过程中水量的上下限需要人为控制，一次性设置水量变化范围过大容易导致问题陷入局部最小；而水量范围设置过小又有可能找不到全局的最优解。遗传算法和有限元结合的优化方法，计算开始时不需要输入初始水量，由系统自行设定。但由于计算时遗传算法的群体规模比较大，进化代数较多，计算每个个体的目标值时，都要反复调用 ANSYS 程序，因此所用的时间较长（几十小时）；但该计算过程不必控制，降低了人为因素的干扰，且计算精度较高。综合考虑两种算法的优缺点，发现应用遗传算法优化工艺参数不论从计算精度和计算难度上都优于子问题算法，而且随着计算机性能的不断提高，计算时间会逐步缩短。

6.7　多目标遗传算法和有限元法相结合优化机架圆角[86]

马鞍山钢铁公司引进的万能型钢轧机机架立柱及横梁等的断面尺寸和结构参数优化已经完成，但不足的是没有进行机架立柱和横梁过渡圆角的尺寸和形状优化，目前仅凭经验选取，并没有理论上的依据。而对于机架来讲，过渡圆角的尺寸并不是一个小问题，它的大小会直接影响机架的应力分布及纵向和横向变形，从而影响机架的强度、刚度、寿命及 H 型钢的精度和尺寸。因此，优化机架立柱和横梁的过渡圆角的尺寸是十分必要的[87]。

6.7.1　优化的有限元模型

根据机架模型的简化条件，本节仅研究单片的机架牌坊就能真实地反映机架的整体情况。因此在建模时为了节省时间和机时，采用了单片牌坊的一半建立模型。机架材料模型为弹塑性本构关系的材料，取为双线性，其材料参数见表 6-5。水平辊的最大轧制力为 8000kN，立辊的最大轧制力 5000kN。为了提高计算精度，对于应力集中和受力比较大的部位，加大了网格划分的密度，采用扫略方式划分网格，如图 6-9 所示。

表 6-5　机架材料参数

参　　数	数　　值
弹性模量/MPa	210000
材料密度/mg·mm^{-3}	7.85
剪切模量/MPa	21000
泊松比	0.3

6.7.2 优化方法

为了与 ANSYS 自带的优化方法相比较，本节采用了三种方法进行优化：（1）ANSYS 有限元软件自带的零阶优化方法；（2）ANSYS 有限元软件自带的一阶优化方法；（3）用 MATLAB 编制的多目标遗传算法和有限元程序相结合的优化方法，遗传代数为 20 代，群体的规模为 100。

三种优化方法均采用 APDL 语言建立了 ANSYS 命令流文件。在第三种方法中，把用 APDL 语言形式建立的命令流文件用 MATLAB 程序写出，并把此文件传给

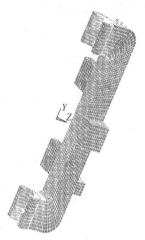

图 6-9　机架有限元模型

ANSYS 程序，同时把 ANSYS 有限元程序计算的结果返回给 MATLAB 程序。从而 ANSYS 有限元程序起到了求解器的作用，发挥了有限元程序计算准确的特点。而用 MATLAB 遗传算法工具箱函数编制的遗传算法程序，让其发挥遗传算法求极值时的高效性和全局性的特点。

6.7.3 优化分析

6.7.3.1 设计变量的选取

机架立柱和横梁的过渡圆角半径 R 直接影响机架的尺寸、强度、刚度、寿命。因此以 R 为设计变量。

6.7.3.2 目标函数的确定

机架的弹性变形直接影响轧件的尺寸精度，它不仅影响 H 型钢腹板尺寸的精度，而且影响翼缘尺寸的精度，所以把机架刚度作为目标函数之一。由于机架刚度与 Y 方向位移的乘积可以看作定值，因此优化刚度可以用优化纵向位移来代替。同时为了反映机架圆角尺寸对整个机架质量的影响，把机架的质量也作为目标函数。约束条件为由 ANSYS 有限元程序后处理过程中得到的等效的最大 Von-Mises 应

力不超过机架材料的最大许用应力。

机架圆角优化的数学模型为：

$$\begin{cases} \min wt = \rho v \\ \min y \\ \text{s. t. } \sigma_{\max} \leqslant \overline{\sigma} \\ 0 \leqslant R \leqslant 220 \end{cases} \tag{6-20}$$

式中　ρ ——机架材料密度；

v ——机架体积，由有限元程序后处理命令获得；

wt ——机架的质量；

y ——机架在 Y 方向的总位移；

$\sigma_{\max}$ ——机架中单元对应的最大等效 Von-Mises 应力；

$\overline{\sigma}$ ——机架材料的最大许用应力；

R ——机架圆角半径。

6.7.3.3　优化结果分析

从表 6-6 和表 6-7 中可以看出，多目标遗传算法和有限元相结合的优化结果使机架的质量增加较小的情况下，使机架的纵向位移减少的相对量较大，即使机架的刚度增加较大。用多目标遗传算法和有限元相结合的方法使机架的质量增加 0.14327% 的情况下，使机架的纵向总位移减小了 1.479%。较零阶优化方法机架的质量增加 0.04571%，而机架的纵向总位移减小了 0.2070%；一阶优化方法机架的质量增加了 0.08634%，而机架的纵向总位移减小了 0.5537% 的结果更优。

表 6-6　三种优化结果

项目	R/mm	$s_{\max}$/MPa	V/mm^3	y/mm
优化前	142.00	42.719	4.505927925×10^9	0.3505373426
零阶优化结果	167.22	39.184	4.507963374×10^9	0.349811562
一阶优化结果	186.41	39.642	4.5098184893×10^9	0.348596336
MOGA 和 FEM 结合的优化结果	207.11	40.413	4.512383657×10^9	0.345353306

表 6-7 优化前后结果对比

项目	优化前	零阶优化方法	一阶优化方法	MOGA 和 FEM 结合的优化方法
V/mm^3	$4.505927925 \times 10^{-9}$	$4.507963374 \times 10^{-9}$	$4.5098184893 \times 10^{-9}$	$4.512383657 \times 10^{-9}$
体积相对改变量/%		0.04571	0.08634	0.14327
y/mm	0.3505373426	0.349811562	0.348596336	0.345353306
位移相对改变量/%		0.2070	0.5537	1.479

从计算时间来看，零阶优化方法的计算时间比较短，一阶优化方法的计算时间比较长，而遗传算法和有限元结合的优化方法，由于在计算时多目标遗传算法的群体规模比较大，进化代数较多，而计算每个个体的目标值时，都要反复调用 ANSYS 程序，因此所用的时间长。

7 BP-NSGA 相结合的优化方法

7.1 BP-NSGA 相结合的优化思想

7.1.1 非支配分类遗传算法

基于 Pareto 最优概念的算法——非支配分类遗传算法（non-dominated sorting genetic algorithms，NSGA），它是在多目标遗传算法中最能直接体现 Goldberg 思想的遗传算法。

非支配分类遗传算法与基本遗传算法的不同之处主要体现如下：在执行选择算子之前先对种群中的个体进行了基于非支配分类的分层处理，然后再执行选择算子。基本遗传算法与交叉算子和变异算子是相同的。

应用于非支配分类遗传算法的非支配分类法（non-dominated sort），是先找出种群中所有的非支配个体赋予它们虚拟的适应度值，并标记为等级 1。然后假象般地从该种群中移除等级为 1 的非支配个体，再按照以上的方法选出等级为 2 的个体并依次类推直到所有的个体都被分层。

在许多多目标优化问题上，非支配分类遗传算法（NSGA）虽然能很好地应用，但其仍然存在一些问题[85]：

（1）具有很高的计算复杂度，尤其在遇到大的种群，是需要消耗很长时间来能计算完成。

（2）缺乏精英策略。算法的执行速度可以通过精英策略加快，一定程度上保证了不失去已经得到的理想解。

（3）共享半径 σ_{share} 需要被指定。

7.1.2 带精英策略的非支配分类遗传算法

改进的多目标优化遗传算法简称（NSGA-Ⅱ），通过引入了精英策略使得 NSGA 算法计算复杂度大大降低，共享半径 σ_{share} 并不需要指定，这样不但使得 NSGA 的不足得以改善，而且保持了极好的效果且不影响 NSGA 的一切优点，这种改进的 NSGA-Ⅱ算法具有如下优点：

（1）提出了一种能快速进行的非支配分类法，比起原来非支配分类法的计算，它的优势在于复杂度从 $O(mN^3)$ 降低到 $O'(mN^2)$，其中 m 为目标函数个数，N 为种群大小。

（2）提出了聚集度和聚集度比较算子，不仅能保证种群的多样性而且代替了共享策略，使准 Pareto 域均匀分布，从个体扩展到整个 Pareto 域。

（3）扩大采样空间通过精英策略的引入。下一代种群是由通过组合父代种群和其产生的子代种群共同竞争产生的，这样就可以保证下一代得到父代种群中的优良个体，并应用于分层后各层中的个体，进而保证不会丢失了最佳个体，从而可以达到很快提高种群水平的目的。

7.1.3 基于 BP 神经网络的预测模型

在 1986 年，Rumelhart 和 McCelland 为首的科学家小组提出了 BP（back propagation）神经网络。它指的是含有隐含层的多层前馈神经网络，采用误差反向传播算法进行训练，因此人们也常将这种神经网络直接称为 BP 神经网络。BP 神经网络模型拓扑结构包括输入层（input）、隐含层（hide layer）和输出层（output layer）。

BP 算法的基本思想是、学习过程由信号的正向传播和误差的反向传播两个过程组成。正向传播时，输入的样本数据从输入层传入，经过隐含逐层处理后，传向输出层。如果输出层的实际输出与期望的输出不相符，则转入误差的反向传播过程。误差的反向传播就是将输出误差以某种形式通过隐含层向输入层逐层反传，并将误差分摊给各层的所有单元，从而获得各层单元的误差信号，此误差信号将作为修正各单元权值的依据。这种信号正向传播与误差反向传播的各层权值的调整过程是周而复始的。权值的不断调整过程，就是神经网络的学习训练过程。此过程一直进行到神经网络的输出误差减少到可以接受的程度时，或进行到预先设定的学习次数而终止。

7.1.3.1   BP 神经网络的结构确定

A   隐含层数的确定

1998 年 Robert Hecht-Nielsen 证明了用一个隐含层的 BP 神经网络来逼近对任何在闭区间内的连续函数，这样一个三层的 BP 神经网络就可以完成任意的映射从 n 维到 m 维[89]。

B   隐节点数的确定

均方误差 MSE：

$$MSE = \frac{1}{mp} \sum_{p=1}^{p} \sum_{j=1}^{m} (\hat{y}_{pj} - y_{pj})^2 \qquad (7\text{-}1)$$

式中 m——输出节点的个数；

   p——训练样本数目；

   $\hat{y}_{pj}$——神经网络期望输出值；

   y_{pj}——神经网络实际输出值。

确定隐节点数通常采用经验公式和试凑法相结合的办法。常见的经验公式有以下三种：

$$m = \sqrt{n + l} + \alpha$$
$$m = \lg 2^n \qquad (7\text{-}2)$$
$$m = \sqrt{nl}$$

式中 m——隐含层节点个数；

   n——输入层节点数；

   l——输出层节点数；

   α——1~10 之间的常数。

通常我们采用第一个公式。若 $n = 4$，$l = 2$，则可得隐含层节点数 m 的取值范围为 $2 < m < 12$。因此用试凑法确定最佳隐节点数可先设置较小隐节点训练网格，然后逐渐增加隐节点数，用同一样本集进行训练，从中确定网格均方误差最小时对应的隐节点数。经确定选隐节点

数为 4 可使均方误差最小。

BP 算法用于具有非线性转移函数的三层前馈网络后可以任意精度逼近任何非线性函数，这一非凡的优势使 BP 神经网络得到越来越广泛的应用。然而标准的 BP 算法却具有如下的缺陷[90]：

（1）容易得到局部极小值而得不到全局最优解；

（2）训练次数多使得网络的学习效率低，收敛速度慢；

（3）隐含层节点数的选取缺乏理论指导；

（4）训练时学习新样本有遗忘旧样本的趋势。

7.1.3.2 BP 神经网络的学习样本

BP 神经网络模型的建立需要一系列训练样本，训练样本数量及其分布的合适能使其确切地表达结构的映射关系。采用正交试验法能减少样本数量，使得样本点的分布尽可能均匀、全面，根据正交性原理选出典型的试验点进行试验。

正交试验是一种多因素多水平的设计方法，具有代表性的点将会在全面试验中被挑选出进行试验，实验遵循正交性原理，被选出的点均匀分散，齐整可比，同时具有很高的代表性，是一种效率高、速度快、高经济性的试验设计方法并且得到了很广泛的应用。正交表是由日本著名的统计学家田口玄一发明的，它就是正交试验选择的水平组合列成的表格[91]。

正交表就是通过利用"均衡分散"和"整齐可比"正交性原理，在大量的试验点中挑选试验点，挑选的点具有代表性和典型性的特点，并且把它们有规律地排列成表格。它构造需要用到一些数学知识，如组合数学和概率学知识，要是对于不同类型的正交表，构造方法同样相差甚远，甚至有些构造方法到目前为止都没有解决。但目前广泛使用的 $L_a(b^c)$ 类型的等水平的正交表其构造思想比较成熟。其中 a 表示正交表的行数，b 表示因素的水平数，c 表示正交表的列数或是正交表最多能安排的因素数。与 BP 神经网络模型的仿真可信程度有非常密切的关系的是训练样本的选择。为了保证训练结果的准确性，必应当选取尽可能大的训练样本数据[92]。

7.1.4　BP 神经网络和带精英策略的非支配分类遗传算法相结合

适应度函数的设计是应用遗传算法的一个关键环节[93]。一般情况下，适应度函数的设计都以问题的目标函数为基础[94]。而多个目标函数之间往往是非线性关系，难以用数学关系式表达出来。这就给工程设计人员带来了较大的困难。而 BP 神经网络算法用于具有非线性转移函数的三层前馈网络（输入层（input layer）、隐含层（hide layer）和输出层（output layer））后可以任意精度逼近任何非线性函数。

7.2　BP-NSGA-Ⅱ 相结合的优化方法

采用 BP-NSGA-Ⅱ进行多目标优化设计，主要包括遗传优化计算和适应度函数建立两个部分。图 7-1 为优化设计流程图。遗传优化和

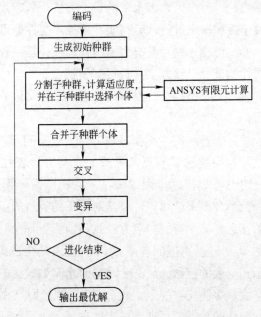

图 7-1　遗传算法和有限元相结合的程序流程图

BP 神经网络建立适应度函数均采用 MATLAB 工具箱函数来进行计算。对于工程实际问题，用有限元分析软件 ANSYS 进行，建立结构有限元分析模型，对结构进行有限元分析。根据优化部分确定的设计变量来计算单元应力，并对约束条件进行计算。因为多目标优化设计，各个目标函数之间往往是非线性关系，难以用数学表达式表示出来，因此用 BP 神经网络算法通过多组样本学习，建立设计变量与多个目标函数之间的对应关系，而利用优化部分则采用遗传算法进行结构优化，包括函数变换和最优状态探索等。首先建立适应度函数，通过选择、交叉和变异 3 种基本遗传操作，形成新一代群体，使适应度函数值随群体的进化不断增大，目标函数值不断降低，直至达到最优状态。

7.3　BP-NSGA 相结合的优化方法的计算步骤

采用 BP 神经网络和改进的非分类支配遗传算法相结合作为求解的优化算法。计算步骤如下[95,96]：

（1）编码。遗传算法在进行搜索前需要将解空间的解数据表示成遗传空间的基因型串结构数据。对这些串结构数据进行不同组合就构成了不同的点。

（2）初始种群的生成。设置最大进化代数 T，进化代数计数器 $t=0$，初始串结构数据随机产生 N 个，一个个体是一个串结构数据，一个种群由 N 个个体构成，作为初始种群 $P(0)$，初始点是这 N 个串结构数据，遗传算法将以此作为开始进行迭代。

（3）计算适应度值。用适应度函数值来决定个体的优劣性。不同的问题有不同的适应度函数，根据不同问题来制定适应度函数，进而就可以计算群体 $P(t)$ 中个体的适应度值；适应度函数的建立通过 BP 神经网络通过其学习样本的功能来建立。

（4）执行选择算子。

（5）执行交叉算子。

（6）执行变异算子。群体 $P(t)$ 经过选择、交叉和变异运算后得到下一代群体 $P(t+1)$。

（7）终止条件判断。若 $t \leqslant T$，则 $t=t+1$，转到步骤（2）；反之，则以进化过程中所得到的具有最大适应度的个体作为最优解输出，终止运算。

7.4 BP-NSGA 相结合的优化机架圆角[97]

7.4.1 机架的有限元分析

H 型钢万能轧机的结构较为复杂，除了需要承受水平辊沿垂直方向的轧制力以外，还需要承受立辊水平方向的轧制力。对于机架来说，过渡圆角的尺寸并不是一个小问题，其大小会直接影响机架的应力分布及纵向和横向变形，从而影响机架的强度、刚度、寿命以及 H 型钢的精度和尺寸。因此，优化机架立柱和横梁的过渡圆角尺寸是十分必要的。

轧机的形式为开轭式普通闭式机架，针对机架进行受力分析。只是这种 H 型钢万能轧机的结构较为复杂一些，而且和一般的板轧机不同，它除了需要承受水平辊沿垂直方向的轧制力以外，还需要承受立辊水平方向的轧制力，在两片牌坊之间立辊的轧制力保持平衡，且力的传递是依靠它们之间的连接横梁。在尊重事实的基础上，为了使计算简化，对机架做出了四点假设，以便计算和确定边界条件。

（1）在每片牌坊上下横梁的中间作用着水平辊的轧制力，并且在同一直线上，轧制力大小相等、方向相反；在两片牌坊立柱的中间分别作用着立辊的轧制力，并且处在同一水平平面内，大小相等、方向相反。

（2）机架在轧制过程中并没有倾翻力矩作用只承受轧制力，机架地脚螺栓不承受外力，将整个机架视为自由框架，不受约束。

（3）整个机架结构对称于窗口的中心线，并假设断面分布均匀，且上下横梁相等的断面惯性矩。

（4）刚性角的假设，机架上下横梁与立柱以及每片牌坊和连接横梁交接处是刚性的，机架变形之后的仍保持转角不变。

做了以上这四点假设，提供了分析机架受力和边界条件的理论依据。根据机架的几点假设，图 7-2 所示为机架的受力简图。

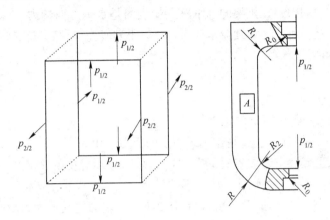

图 7-2 机架受力简图

在 Pro/E 中取单片机架的一半模型。由于 Pro/E 和 ANSYS 已经连接上，在 Pro/E 中点菜单按钮 ANSYSGeom 后，把模型从 Pro/E 导入 ANSYS 中进行分析。开始定义单元类型、材料属性之后，再对模型进行网格划分。机架材料采用弹塑性本构关系的材料，取为双线性，其材料参数见表 7-1。机架网格划分如图 7-3 所示，采用 Solid45 单元进行自由网格划分。

表 7-1 机架材料参数

材 料 参 数	数 值
弹性模量/MPa	210000
材料密度/kg·m^{-3}	7850
剪切模量/MPa	21000
泊松比	0.3

7.4.2 机架载荷的施加

本节主要是对机架进行静态分析。H 型钢万能轧机受力比较复杂，它除了承受水平辊沿垂直方向的轧制力外，还承受立辊水平方向的轧制力。因此，根据机架模型的简化和边界条件确定的假设，简化后的有限元模型的受力情况是：在上、下横梁的压下螺丝上，机架承受垂直方向的力，在机架的轴承座上受到的是水平方向的力[98]。需要指出的是，所施加的载荷是面力，所以得到所施加载荷与轧制力的换算关系是：

$$p = F/A \tag{7-3}$$

式中　F——轧制力，N；

　　　A——面积，mm^2；

　　　p——压强，也就是作用于模型的面力，MPa。

因此建模时，为节省时间和机时，采用单片牌坊的 1/2 建立模型，机架材料采用弹塑性本构关系的材料，取为双线性，其材料参数见表 7-1。水平辊的最大轧制力为 8000kN，立辊的轧制力为 5000kN。机架的结构简图和受力图如图 7-2 所示。在图 7-2 上的 A 点机架承受立辊轧制力的一半，即 $p_2/2 = 2500kN$，其受力方向垂直于机架所有的平面。在中心线上，机架承受轧制力的一半，即 $p_1/2 = 4000kN$。为了提高计算精度，对于应力集中和受力比较大的部位，加大网格划分的密度，采用扫略方式划分网格，如图 7-3 所示。

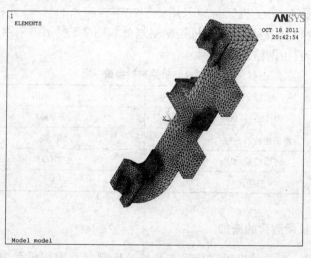

图 7-3　机架网格划分

根据机架的安装情况，机架的地脚螺栓连接处为刚性约束，在此表面施加 X、Y、Z 三个方向为零的约束。由于采用的模型是机架单片牌坊的一半，因此，单片牌坊的连接面处沿 Y 方向的位移约束也是零。由于对称性，在剖开位置的对称面上施加对称约束。由于机架是载荷和结构对称，因此在剖开面上施加沿 X 方向位移为零的约束[99]，如图 7-4 所示。施加载荷和约束条件后就可以进行求解运算了。

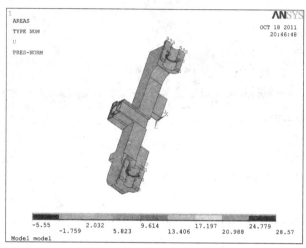

图 7-4　机架的载荷约束情况

7.4.3　机架有限元计算的结果分析

通过 ANSYS 的通用后处理器进行仿真数据的处理，采用图形和列表两种形式来表示有限元分析结果。机架的受力情况用等效应力图 7-5 来表示。机架的变形情况如图 7-6~图 7-8 所示。图中不同的颜色代表不同的数值，浅色代表较小数值，深色代表较大数值，颜色从浅到深代表数值逐渐增大。由图 7-6~图 7-8 可以看出，机架在 Z 方向的变形量最大。

由图 7-5 可以看出，轧制力通过轴承座和压下螺母的传递最终作用于机架的下横梁上表面和压下螺母孔处，即最大应力出现在压下螺母孔边上[100]。因此，确定压下螺母孔边上为危险截面位置[101]。

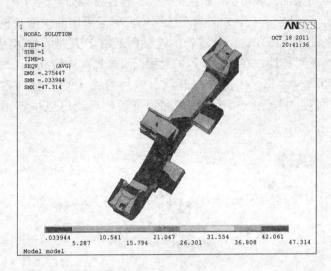

图 7-5　机架等效应力图

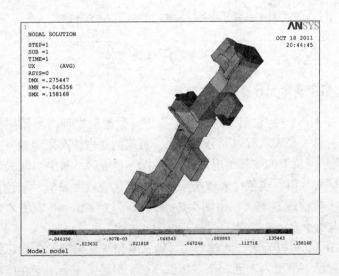

图 7-6　机架 X 方向变形图

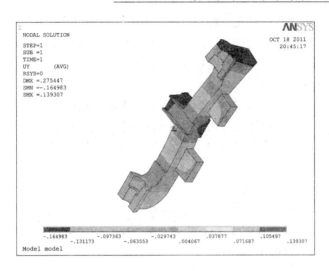

图 7-7 机架 Y 方向变形图

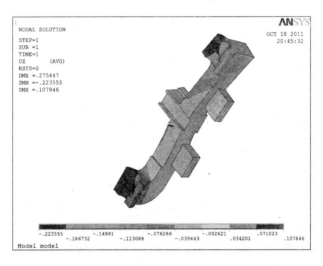

图 7-8 机架 Z 方向变形图

在压上螺母孔边处也出现较大的应力，由于其应力集中，必须对其进行优化设计，以满足使用要求。由位移图可以看出，在纵向上机架的变形量最大。以节省材料和满足使用要求为目标，为了使机架质量最小和纵向刚度最大，将对机架圆角进行优化设计。由图可看出有三处主要圆角，同时在压上和压下螺母孔边上分别加大小相等的圆角，这样就相当于有四个圆角。通过优化这四个圆角达到对机架进行多目标优化的目的。

本章主要考虑机架的圆角对机架的质量和刚度的综合指标的影响，这样的影响机架质量和刚度的圆角有这三个分别为：下横梁圆弧 R、窗口上部圆角 R_1、窗口下部圆角 R_2 和压下螺母孔边上圆角 R_0（压上螺母孔边上圆角）。

刚度计算公式为：

$$k = p/f \tag{7-4}$$

式中　k——轧机机架刚度系数，kN/mm；

　　　p——轧制力，kN；

　　　f——机架在 p 下的弹性变形量，mm。

由以上分析可知，纵向的变形能反映刚度指标（由于纵向的变形最大），又由于体积能反映质量指标，所以对机架以体积和 Z 方向位移变形量为目标进行多目标优化。

7.4.4　训练样本

此 BP 神经网络为单隐含层，结构为 4-4-2。

训练步数为 1000，训练精度为 0.00001。

训练样本数为 49 组，测试样本数为 9 组。

训练样本见表 7-2。训练收敛图如图 7-9 所示。

训练收敛步如下：

TRAINLM-calcjx，Epoch 0/1000，MSE 0.794206/1e-005，Gradient 1.70367/1e-010

TRAINLM-calcjx，Epoch 25/1000，MSE 2.23622e-005/1e-005，Gradient 9.06388e-005/1e-010

TRAINLM-calcjx，Epoch 50/1000，MSE 1.32343e-005/1e-005，Gradient 5.5006e-005/1e-010

TRAINLM-calcjx，Epoch 75/1000，MSE 1.07203e-005/1e-005，Gradient 9.54285e-006/1e-010

TRAINLM-calcjx, Epoch 90/1000, MSE 9.99675e-006/1e-005, Gradient 0.000199722/1e-010

表 7-2 训练样本

样本	R	R_1/mm	R_2/mm	R_0/mm	体积 V/mm^3	位移 S/mm
1	400	200	100	0	5.0221800×10^{-9}	0.3346300
2	400	300	140	10	5.0298600×10^{-9}	0.3356200
3	400	350	160	20	5.0354900×10^{-9}	0.3309900
4	400	400	200	40	5.0430500×10^{-9}	0.3304000
5	400	500	240	50	5.0575000×10^{-9}	0.3240000
6	400	550	260	60	5.0655000×10^{-9}	0.3072860
7	400	600	300	80	5.0762900×10^{-9}	0.3111550
8	500	200	140	20	5.0101800×10^{-9}	0.3356000
9	500	300	160	40	5.0185800×10^{-9}	0.3302900
10	500	350	200	50	5.0255700×10^{-9}	0.3113130
11	500	400	240	60	5.0337600×10^{-9}	0.3216440
12	500	500	260	80	5.0477100×10^{-9}	0.3145620
13	500	550	300	0	5.0545500×10^{-9}	0.3218300
14	500	600	100	10	5.0494400×10^{-9}	0.3007900
15	600	200	160	50	4.9961200×10^{-9}	0.3305600
16	600	300	200	60	5.0056600×10^{-9}	0.3251980
17	600	350	240	80	5.0137200×10^{-9}	0.3189570
18	600	400	260	0	5.0180300×10^{-9}	0.3276200
19	600	500	300	10	5.0326000×10^{-9}	0.3234800
20	600	550	100	20	5.0275500×10^{-9}	0.3255000
⋮	⋮	⋮	⋮	⋮	⋮	⋮
49	900	600	260	50	4.9809500×10^{-9}	0.3153870

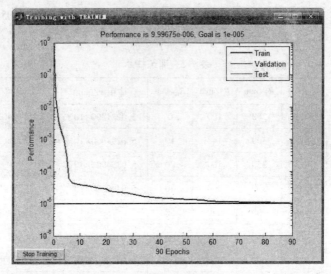

图 7-9   训练收敛图

由以上分析可以看出：随着步数的增加，均方误差越来越小，逐渐收敛于 10^{-5}，达到满意的效果。

7.4.5   测试神经网络的预测性能

采用 $L_9(3^4)$ 正交表得出神经网络测试样本集，见表 7-3。体积和位移数据由 ANSYS 分析得到。将测试样本用建立的神经网络进行测试，可以得到测试结果。测试数据的体积和位移误差分别如图 7-10 和图 7-11 所示。体积误差在 -0.04% ~ 0.08% 之间，位移误差在 -0.8% ~ 0.8% 之间，满足工程应用要求，说明建立的神经网络是成功的。

表 7-3   采用 $L_9(3^4)$ 正交表得出的神经网络测试样本集

样本	R/mm	R_1/mm	R_2/mm	R_0/mm	体积 V/mm^3	位移 S/mm
1	550	250	150	30	5.0065000×10^9	0.3326100
2	550	450	210	55	5.0294200×10^9	0.3214730
3	550	580	280	75	5.0515700×10^9	0.3105430
4	750	250	210	75	4.9751400×10^9	0.3241320

样本	R/mm	R_1/mm	R_2/mm	R_0/mm	体积 V/mm^3	位移 S/mm
5	750	450	280	30	4.9971600×10^9	0.3222117
6	750	580	150	55	5.0062900×10^9	0.3181300
7	850	250	280	55	4.9566610×10^9	0.3258880
8	850	450	150	75	4.9691900×10^9	0.3204060
9	850	580	210	30	4.9864400×10^9	0.3205100

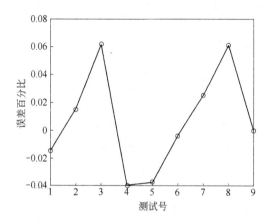

图 7-10　体积误差

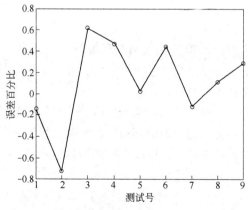

图 7-11　位移误差

7.4.6　基于 NSGA-Ⅱ的轧机机架结构参数的多目标优化

7.4.6.1　设计变量

由图 7-2 可看出有三处主要圆角,同时在压下螺母孔边上加一圆角,这样就有四个圆角。通过优化这四个圆角达到对机架进行多目标优化的目的,即下横梁圆弧 R、窗口上部圆角 R_1、窗口下部圆角 R_2 和压下螺母孔边上圆角 R_0 为设计变量[102]。机架的有限元模型如图 7-3 所示。

7.4.6.2　目标函数

机架的弹性变形直接影响轧件的尺寸精度,不仅影响 H 型钢腹板尺寸的精度,而且影响翼缘的尺寸精度,所以机架刚度作为目标函数之一。由于机架的刚度与 Z 方向的位移成反比,因此优化刚度可以用优化纵向位移来代替。同时为了反映机架圆角尺寸对整个机架质量的影响,把机架的质量也作为目标函数之一。

在遗传算法中使用适应度(fitness)这个概念来度量群体中各个个体在优化计算中达到、接近于或有助于找到最优解的优良程度。这样,适应度高的个体基因遗传到下一代的概率就大;而适应度低的个体就相应小一些。通常情况个体的适应度需要借助于某一数学函数,这个函数被称作适应度函数(fitness function)或者评价函数,它是群体中个体好坏的区分标准,可以说是一个标尺,同时又是遗传算法演化的驱动力,促进遗传算法的演化发展,也是自然选择的唯一依据,并且它的确定是由目标函数决定的。适应度函数不是负的,因为在何种情况下都希望其值大的好。

适应度函数是根据目标函数来构造的,但是在本书中由于轧机机架的输入结构参数与输出的位移和体积参数之间的高度非线性使其没有确定的数学函数表达式,即没有明确的目标函数,因此通过目标函数来构造适应度函数的途径是不可行的。但是在 7.4.5 节中由 BP 神经网络的这种“黑箱”功能,可以应用 BP 网络映射出的轧机机架的输入结构参数与输出的轧机机架的位移和体积参数之间的非线性关系来构造适应度函数。由于输出的轧机机架的位移和体积参数都是正数且优化的目标都是求轧机机架位移和体积的最小值，因此可以把 BP 神经网络和遗传算法相结合，用 BP 神经网络预测出来的数据作为相对应个体的适应度值，从而免去求适应度函数但可达到同样的效果。

7.4.6.3 轧机机架结构参数的多目标优化

适应度函数的设计是应用遗传算法的一个关键环节。一般情况下，适应度函数的设计都以问题的目标函数为基础。如前所述，利用 BP 神经网络的这种"黑箱"功能，由 BP 网络映射出的轧机机架的输入结构参数与输出的轧机机架的位移和体积参数之间的非线性关系来构造适应度函数，建立一个能表征实验因素与实验结果间内在规律的非线性回归方程，为基于 NSGA-Ⅱ的多目标参数优化提供适应度函数值。设置遗传算法的参数：最大遗传代数为 200，种群个体数为 100。

建立机架的多目标优化数学模型：

$$\begin{cases} \min f_1(x_1, x_2, x_3, x_4) \\ \min f_2(x_1, x_2, x_3, x_4) \end{cases} \tag{7-5}$$

$$400 \leqslant x_1 \leqslant 900$$

$$200 \leqslant x_2 \leqslant 600$$

$$\text{s. t.} \quad 100 \leqslant x_3 \leqslant 300$$

$$0 \leqslant x_4 \leqslant 80$$

式中 x_1——下横梁圆弧半径；

         x_2——窗口上部圆角半径；

         x_3——窗口下部圆角半径；

         x_4——压下（上）螺母孔边上圆角；

$f_1(x_1, x_2, x_3, x_4)$——体积（第一目标函数）；

$f_2(x_1, x_2, x_3, x_4)$——Z 方向位移变形量（第二目标函数）。

优化后的 Pareto 最优边界如图 7-12 所示，从中挑选出 10 组相对最优的解进行进一步的分析，优化结果见表 7-3。用 ANSYS 进行分析可以获得其体积和纵向变形量的值，由此可以推断出此方法的可行性。

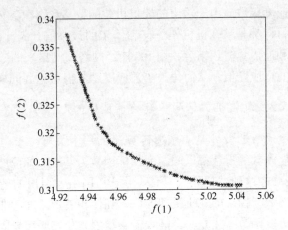

图 7-12　优化后的 Pareto 最优边界

在 ANSYS 中分析数据得到第 9 组为满意结果，且与实际结果相差几乎很小，定位为最后得到的优化结果。等效应力和 Z 方向变形如图 7-13 和图 7-14 所示。由表 7-4 可以看出应力和 Z 向位移相对于优化前都有了改善，得到了满意的效果。机架优化前后体积和位移比较见表 7-5。

表 7-4　优化结果

数据组	R/mm	R_1/mm	R_2/mm	R_0/mm	体积 V /mm^3	位移 S /mm
1	899.8120	234.5451	290.5577	79.9999	4.9493090×10^9	0.3210145
2	893.3718	309.6340	295.0394	79.9992	4.9587660×10^9	0.3179416
3	899.9882	281.1121	298.9161	80	4.9548052×10^9	0.3187005
4	900	285.6849	298.9194	80	4.9552207×10^9	0.3185719
5	898.1549	263.9537	295.6283	79.9993	4.9533430×10^9	0.3193946
6	897.0698	255.9847	292.5268	79.961	4.9525120×10^9	0.3198738
7	900	315.8623	295.3963	79.9991	4.9575942×10^9	0.3180414
8	900	304.4286	296.1552	79.9993	4.9566879×10^9	0.3182403
9	899.9955	239.5097	297.698	80	4.9504512×10^9	0.3203167
10	898.6995	249.1225	292.4225	79.9638	4.9513831×10^9	0.3202025

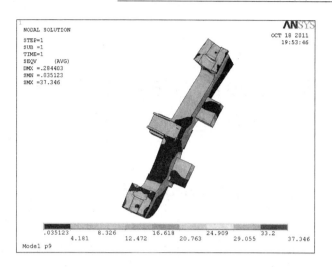

图 7-13　等效应力

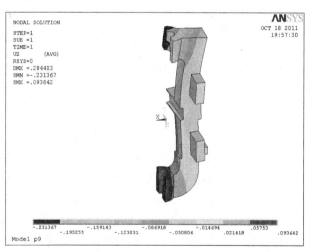

图 7-14　机架 Z 方向变形

表 7-5　机架优化前后比较

参　数	优化前	优化后
体积 V/mm^3	4.98699×10^9	4.94664×10^9
位移 S/mm	0.327160	0.319486

8 模糊综合评判在多目标优化中的应用

8.1 模糊优化设计的概述

建立数学模型、选定合适的模糊算法和利用优化软件优化求解这三方面内容组成了模糊优化设计的基本内容。要想建立模糊优化的数学模型，设计变量、约束条件和目标函数缺一不可。

(1) 评价决策方案好坏的标准就是目标函数。因为决策的好与坏本来就不是一个确定的概念，没有一个确定的界限，尤其是多目标模糊优化问题，一般就只能得到非劣解。因此，目标函数是模糊的。

(2) 在使决策方案达到最优的过程中要时刻满足的准则构成了约束条件。这些条件大致可以分成三类：几何类的约束，如尺寸大小的限制、形状结构的规范等；性能类的约束，如应力大小的限制、应变大小的限制、固有频率方面的限制、稳定性的标准等[103]；人文类的约束，如政治政策的限制、社会形态的限制、经济形势的限制和社会环境的限制。在上述条件中，性能类的约束和人文类的约束具有模糊性。

(3) 设计变量就是为了达到最优的方案而需要改变的参数化变量。在现实生活中，设计变量一般都具有一定的模糊性，不能将其看做是确定的或随机的变量，严格地说，都应该视为模糊变量。

8.2 模糊优化分析的方法

根据约束条件和目标函数之间的关系不同，可以将多目标模糊优化的数学模型分为对称模型和非对称模型。

如果目标函数和约束条件之间的地位是等同的，并且可以相互调换，那么这种数学模型称为对称模型。

如果目标函数和约束条件之间的地位不是等同的，约束条件是目标函数的前提，也就是说要在一定约束条件下来达到最优的目标，这种数学模型称为非对称模型。

8.2.1 采用模糊贴近度法寻求最优解

采用模糊贴近度法来寻求最优解及在求非劣解与理想解的贴近程度前，首先要求得非劣解中的各个分目标值相对于理想解中对应的各个分目标值的隶属度[104]。可以选择正态分布型、哥西分布型和尖 Γ 分布型来计算隶属度。

如上三种分布形式的隶属度公式定义如下：

（1）正态分布：

$$\mu(f_{rj}) = \exp\left[-\left(\frac{f_{rj} - f_j^*}{\frac{1}{k}\sum_{r=1}^{k}|f_{rj} - f_j^*|}\right)^2\right] \tag{8-1}$$

（2）哥西分布：

$$\mu(f_{rj}) = \frac{1}{1 + \left(\frac{f_{rj} - f_j^*}{\frac{1}{k}\sum_{r=1}^{k}|f_{rj} - f^*|}\right)^2} \tag{8-2}$$

（3）尖 Γ 分布：

$$\mu(f_{rj}) = \begin{cases} \exp\left(\dfrac{f_{rj} - f_j^*}{\frac{1}{k}\sum_{r=1}^{k}|f_{rj} - f^*|}\right) & (f_{rj} \leq f_j^*) \\ \exp\left(-\dfrac{f_{rj} - f_j^*}{\frac{1}{k}\sum_{r=1}^{k}|f_{rj} - f^*|}\right) & (f_{rj} > f_j^*) \end{cases} \tag{8-3}$$

式中，$r=1, 2, \cdots, k$；$j=1, 2, \cdots, q$；$\mu(f_{rj})$ 表示第 r 组非劣解里面的第 j 个分目标值跟理想解相对应的第 j 个分目标值的隶属度；f_{rj} 是第

r 组非劣解中的第 j 个分目标值；f_j^* 是理想解中的第 j 个目标值。

现在假设多目标规划的非劣解已经求得，如下：

$$\begin{cases} F_1(x_1) = [f_{11}(x_1),\ f_{12}(x_1),\cdots,\ f_{1q}(x_1)]^{\mathrm{T}} \\ F_2(x_2) = [f_{21}(x_2),\ f_{22}(x_2),\cdots,\ f_{2q}(x_2)]^{\mathrm{T}} \\ \vdots \qquad\quad \vdots \qquad\quad \vdots \qquad\qquad \vdots \\ F_k(x_k) = [f_{k1}(x_k),\ f_{k2}(x_k),\cdots,\ f_{kq}(x_k)]^{\mathrm{T}} \end{cases} \tag{8-4}$$

理想解为：

$$F^* = [f_1^*,\ f_2^*,\cdots,\ f_q^*]^{\mathrm{T}} \tag{8-5}$$

其中，f_j^* 由下面的方程解出：

$$\begin{cases} \text{求} \qquad x = (x_1,\ x_2,\cdots,\ x_n)^{\mathrm{T}} \\ \text{min.} \quad f_j(x) \\ \text{s.t.} \quad g_u(x) \leqslant 0 \qquad (u=1,\ 2,\cdots,\ m) \\ \qquad\quad h_v = 0 \qquad\qquad (v=1,\ 2,\cdots,\ p < n) \end{cases} \tag{8-6}$$

非劣解的解集为：

$$F = \{F_1,\ F_2,\cdots,\ F_k\} \tag{8-7}$$

然后把非劣解进行模糊化，就是认为上面各非劣解 F_r（$r=1,\ 2,\cdots,\ k$）均是以 $\mu(f_{rj})$（$r=1,\ 2,\cdots,\ k$；$j=1,\ 2,\cdots,\ q$）为元素的模糊子集：

$$\begin{cases} F_1 = [\mu(f_{11}),\ \mu(f_{12}),\cdots,\ \mu(f_{1q})] \\ F_2 = [\mu(f_{21}),\ \mu(f_{22}),\cdots,\ \mu(f_{2q})] \\ \vdots \qquad\qquad \vdots \qquad\qquad \vdots \\ F_k = [\mu(f_{k1}),\ \mu(f_{k2}),\cdots,\ \mu(f_{kq})] \end{cases} \tag{8-8}$$

理想解也可以看成是以自身隶属度为元素的模糊子集：

$$F^* = [\mu(f_1^*),\ \mu(f_2^*),\cdots,\ \mu(f_q^*)] \tag{8-9}$$

贴近度表示非劣解和理想解之间的接近程度，有以下几种计算贴近度的方法：

（1）利用贴近距离来计算贴近度。

假设 A，B 是两个模糊子集，根据贴近距离来表示贴近度，公式如下：

$$\sigma(A, B) = 1 - C(d(A, B))^a \qquad (8\text{-}10)$$

式中，C，$A = (a_1, a_2, \cdots, a_n)$ 是人为选择的参数，$d(A, B)$ 表示两个模糊子集的贴近距离，即：

$$d(A, B) = \left[\sum_{i=1}^{n} \mid \mu_A(x_i) - \mu_B(x_i) \mid^p \right]^{1/p} \qquad (8\text{-}11)$$

$d(A,B)$ 为两个模糊子集的闵可夫斯基距离。当 $p = 2$ 时，$d(A, B)$ 表示为两个模糊子集的欧几里德距离；当 $p = 1$ 时，$d(A, B)$ 是海明距离。

（2）最大值最小值贴近度：

$$\sigma(A, B) = \frac{\sum_{i=1}^{n} \min[\mu_A(x_i), \mu_B(x_i)]}{\sum_{i=1}^{n} \max[\mu_A(x_i), \mu_B(x_i)]} \qquad (8\text{-}12)$$

（3）测度贴近度：

$$\sigma(A, B) = \frac{2 \sum_{i=1}^{n} \min[\mu_A(x_i), \mu_B(x_i)]}{\sum_{i=1}^{n} \mu_A(x_i) + \sum_{i=1}^{n} \mu_B(x_i)} \qquad (8\text{-}13)$$

将非劣解模糊集和理想解模糊集代入上面的贴近度公式中，即得到非劣解模糊集与理想解模糊集的贴近度的计算公式：

$$\sigma(F^*, F_r) = 1 - \frac{1}{q} \left[\sum_{j=1}^{q} \mid 1 - \mu(f_{rj}) \mid^p \right]^{1/p} \qquad (8\text{-}14)$$

$$\sigma(F^*, F_r) = \frac{1}{q} \sum_{j=1}^{q} \mu(f_{rj}) \qquad (8\text{-}15)$$

$$\sigma(F^*, F_r) = \frac{2 \sum_{j=1}^{q} \mu(f_{rj})}{q + \sum_{j=1}^{q} \mu(f_{rj})} \qquad (8\text{-}16)$$

式中，$r = 1, 2, \cdots, k$。

8.2.2　一级模糊综合评判方法[105]

设给定两个有限论域：

$$U = \{u_1,\ u_2,\cdots,\ u_n\} \tag{8-17}$$

$$V = \{v_1,\ v_2,\cdots,\ v_m\} \tag{8-18}$$

其中，U 代表综合评判因素所组成的集合，V 代表评判所组成的集合。设第 i 个因素的单因素模糊评判向量为：

$$R_i = (r_{i1},\ r_{i2},\cdots,\ r_{im}) \tag{8-19}$$

R_i 可看作 V 上的模糊子集，r_{ik} 表示第 k 种评价对象对第 i 个因素的隶属度，于是得模糊关系矩阵为：

$$R = \begin{pmatrix} r_{11} & r_{12} & \cdots & r_{1m} \\ r_{21} & r_{22} & \cdots & r_{2m} \\ \vdots & \vdots & & \vdots \\ r_{n1} & r_{n2} & \ldots & r_{nm} \end{pmatrix} \tag{8-20}$$

输入模糊向量 A：

$$A = (a_1,\ a_2,\cdots,\ a_n) \tag{8-21}$$

A 是 U 上的模糊子集，且 $a_1, a_2,\cdots, a_n$ 为各评判因素的加权系数，该权数满足归一化条件：

$$\sum_{i=1}^{n} a_i = 1 \quad (a_i > 0) \tag{8-22}$$

引入模糊变换：

$$A O R = B \tag{8-23}$$

其中，B 为评判的结果，它是 V 上的模糊子集。

把模糊关系矩阵 R 看作模糊关系器，A 为输入，B 为输出。已知 A 和 R 求 B，是模糊变换即模糊综合评判问题。

模糊变换 $A O R = B$ 中的运算法则" O "可按最大、最小运算法则进行。由于最大" ∨ "和最小" ∧ "运算只突出隶属度很大或很小项的作用，这在实际问题中有时不尽合理。为此可按线形变换方法即矩阵按普通加法、乘法运算，于是得：

$$B = A \cdot R = (a_1, \ a_2, \cdots, \ a_n) \begin{bmatrix} r_{11} & r_{12} & \cdots & r_{1m} \\ r_{21} & r_{22} & \cdots & r_{2m} \\ \vdots & \vdots & & \vdots \\ r_{n1} & r_{n2} & \cdots & r_{nm} \end{bmatrix}$$

$$= (b_1, \ b_2, \cdots, \ b_m) \tag{8-24}$$

其中　　　　　$b_j = \sum_{k=1}^{n} a_k \cdot r_{kj} \quad (j = 1, \ 2, \cdots, \ m)$

上述即为一级模糊综合评判的数学模型，其基本原理为模糊线性加权变换。实际中由于综合评判向量 $B = (b_1, \ b_2, \cdots, \ b_m)$ 是按矩阵加、乘运算的结果，是否归一化不影响评价的结果。根据 $b_1, b_2, \cdots,$ b_m 的大小即可确定各评价对象的优劣，若 b_k 最大，则第 k 种评价对象最优。依此类推，可对各评价对象综合性能的优劣进行排队，得出综合评价结果。

8.3　模糊多目标优化步骤

模糊多目标的优化方法的优化步骤如下：
（1）确定设计变量；
（2）确定目标函数和约束条件；
（3）选择优化方法进行优化计算；
（4）确定各个单目标函数的权重系数和隶属度；
（5）进行模糊综合评判，得到最优解。

8.4　Y 型轧机轧辊的优化设计[106]

线材生产近年来发展很快，小型轧机向连续、半连续化发展。采用高速线材轧机已成主流，轧机产能及产量均超过总量的 50%。鉴于市场对线材生产的迫切需求，对线材轧机的要求也随之提高。三辊 Y 型轧机（图 8-1）由于其特殊的变形方式可使轧件全长保持高精度，高表面光滑度[107]。

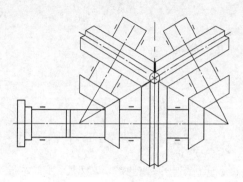

图 8-1   三辊 Y 型轧机

　　Y 型轧机作为一种新型的高速线材轧机，由于其独特的优点，对其结构尺寸进行进一步优化设计十分重要[108]。轧辊作为轧机的主要部件，要求更为严格，轧辊强度、刚度、质量、振动幅度的大小、疲劳极限等都会影响轧件质量和轧机使用寿命。为了进一步满足市场需求，设计更高效率的轧机，对 Y 型轧机的轧辊进行结构尺寸优化设计有十分重要的研究意义。

　　在生产条件下，经常可看到轧辊的质量对轧钢机及全套辅助设备生产率的利用系数、对换辊周期中轧钢机连续工作的时间、对换辊之后在调整轧辊时金属的废品损失、对产品的质量以及对轧辊金属的消耗率的影响。同时，使用条件对轧辊耐用性也发生影响。因为在使用过程中，轧辊受到来自被轧制的金属与轧钢机的各种作用，这些作用要引起磨损及复杂的机械应力。工作时，轧辊的磨损强烈度及轧辊处于应力状态的程度与轧钢机及机架的类型、孔型设计的轮廓、被轧制金属的形状以及轧制的工艺制度等有关。在一种使用条件下，轧辊材质的咬入能力（摩擦系数）和它的使用强度具有最大的意义；在另一种条件下，耐磨性及耐热性等具有头等重要的意义[109]。

　　本节对轧辊进行优化设计，通过改变尺寸来达到满足一定强度、刚度和耐磨性，提高轧辊的使用寿命和节省材料的目的。

8.4.1　轧辊有限元分析

　　本节设计的轧辊是在 $\phi 250$ 型 Y 型轧机已给定的轧辊尺寸的基础

上进行的，主要参考铜川铝厂 $\phi250Y$ 型三辊连轧机组的相关尺寸，对轧辊在承受最大轧制力时的尺寸进行优化，因此轧辊模型的初始尺寸采用第一道次的各尺寸。轧辊截面图如图 8-2 所示。轧辊的主要参数初始值为：$B = 13$、$H = 18$、$L_1 = 20$、$L_2 = 43$、$R = 125$。材料和轧制各参数见表 8-1。利用 ANSYS 有限元分析可得 Y 方向的变形如图 8-3 所示[110]。由图 8-3 可知，Y 方向最大变形值为 0.0000295，最小变形值为 -0.0146021。则 Y 方向的变形量为最大变形值与最小变形值的差，即轧辊的 Y 向变形 y 为：$y = (0.0000295) - (-0.0146021) = 0.0146315 \text{mm}$。图 8-4 是轧辊与轧件接

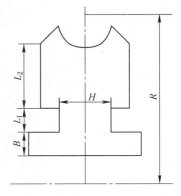

图 8-2 轧辊截面图

表 8-1 轧辊材料和参数

名称	材料	弹性模量 /MPa	许用应力 /MPa	密度 /kg·m^{-3}	最大轧制力 /kN	轧辊名义直径 /mm
参数	合金钢 40Cr	2.1×10^5	160	7.82×10^3	30	$\phi250$

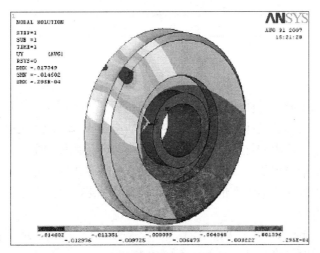

图 8-3 轧辊 Y 方向的变形

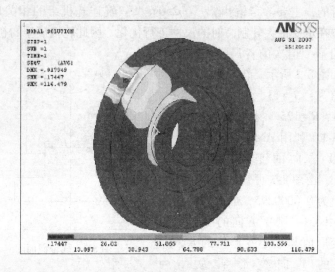

图 8-4　轧辊的等效应力云图

触面上的等效应力图，从图中可以很清楚地看到轧辊危险点所在的位置。轧辊初始计算结果见表 8-2。

表 8-2　轧辊初始计算结果

参　数	σ /MPa	质量/kg	y/mm
初始值	116.47880	12.180640	1.4631532×10^{-2}

8.4.2　设计变量

　　一般说来，设计变量越少，优化就越简便，所以设计变量必须谨慎选择。对影响设计指标的所有参数进行分析比较，从中选择对设计质量确有显著影响且能直接控制的独立参数作为设计变量。

　　轧辊的设计是在 $\phi 250$ 型 Y 型轧机已给定的轧辊尺寸的基础上进行的，根据轧辊的受力情况和形状特点，参照图 8-2，选定以下尺寸为设计变量：

$$X = [X_1, X_2, X_3, X_4, X_5]^T = [B, H, L_1, L_2, R]^T \quad (8\text{-}25)$$

式中　　B ——轧辊内壁到第一台阶的距离；

H——轧辊颈部的长度；

L_1——轧辊颈部的高度；

L_2——轧辊头部的长度；

R——轧辊的名义半径。

8.4.3 设计约束

8.4.3.1 性能约束

性能约束也称为性态约束，是根据设计对象应满足的功能要求而建立的约束条件。性能约束主要考虑应满足结构强度、刚度及质量的要求。

A 轧辊强度条件

轧辊的强度要适应于轧材的形状和轧钢机的类型、被轧制的金属与轧辊本身的温度、轧辊冷却的效率和均匀性、轧辊咬入金属的平稳性及打滑现象的消除、轧制过程的节奏性等一些轧辊使用的因素，它对轧辊的耐用性发生非常重大的影响。通过前面对轧辊的有限元分析，可知在轧辊与轧件的接触面上存在应力极值点，故选该点的等效应力值为约束条件，其表达式为：

$$\sigma_{u\max} = \max(\sigma_i) \leqslant [\sigma] \quad i = 1, 2, \cdots, N \qquad (8-26)$$

式中 $\sigma_{u\max}$——轧辊接触面上的最大等效应力；

σ_i——第 i 个节点的等效应力；

$[\sigma]$——轧辊的许用应力；

N——节点序号。

轧辊材料选用的是合金钢 40Cr，考虑到轧辊在轧机中的重要地位，必须给较大的强度储备，其许用应力为：

$$[\sigma] \leqslant 160\text{MPa} \qquad (8-27)$$

因此，约束函数的表达式为：

$$g_1(X) = \sigma_{u\max} - 160 \leqslant 0 \qquad (8-28)$$

B 轧辊刚度条件

轧辊的弹性变形直接影响轧件的尺寸精度，为保证轧件的尺寸精度，轧辊的弹性变形应控制在一定的范围之内，表现为径向变形量的大小。以轧辊的径向变形量为约束条件，表示为：

$$u_{min} \leqslant y \leqslant u_{max} \tag{8-29}$$

式中 u_{min} ——轧辊径向许用最小变形量；

　　y ——轧辊径向变形量；

　　u_{max} ——轧辊径向许用最大变形量。

在这里选取轧辊的弹性变形控制在 0.001~0.035mm 之间，即约束函数的表达式为：

$$g_2(X) = 0.001 - y \leqslant 0$$
$$g_3(X) = y - 0.035 \leqslant 0 \tag{8-30}$$

C   轧辊质量条件

为增加优化前和优化后的可比性，限定轧辊优化后的质量不超过优化前质量，约束条件为：

$$WT = \sum_{i=1}^{n} M_i \leqslant [M] \quad i = 1, 2, \cdots, n \tag{8-31}$$

式中 WT ——轧辊优化后的质量；

　　M_i ——第 i 单元质量；

　　$[M]$ ——轧辊优化前的质量；

　　n ——单元总数。

其约束函数的表达式为：

$$g_4(X) = WT - [M] \leqslant 0 \tag{8-32}$$

8.4.3.2   边界约束

边界条件又称区域约束，即对设计变量的取值范围（最大允许值和最小允许值）加以限制，即：

$$X_{imin} \leqslant X_i \leqslant X_{imax} \tag{8-33}$$

对于每一个设计变量的约束范围，因为没有确切的选择标准，故选取了不同组的数值，通过多次优化实验选择优化结果最为理想的一组，最后选定设计变量的约束范围为：

$$8 \leqslant B \leqslant 15 \, ; \, 16 \leqslant H \leqslant 26 \, ; \, 10 \leqslant L_1 \leqslant 20 \, ;$$

$$35 \leqslant L_2 \leqslant 45 ; 115 \leqslant R \leqslant 130$$

因此，设计变量的约束函数可表示为：

$$g_5(X) = 8 - B \leqslant 0 \qquad g_6(X) = B - 15 \leqslant 0$$

$$g_7(X) = 16 - H \leqslant 0 \qquad g_8(X) = H - 16 \leqslant 0$$

$$g_9(X) = 10 - L_1 \leqslant 0 \qquad g_{10}(X) = L_1 - 20 \leqslant 0 \qquad (8\text{-}34)$$

$$g_{11}(X) = 35 - L_2 \leqslant 0 \qquad g_{12}(X) = L_2 - 45 \leqslant 0$$

$$g_{13}(X) = 115 - R \leqslant 0 \qquad g_{14}(X) = R - 130 \leqslant 0$$

8.4.4 目标函数

在优化设计中，正确地确定目标函数是关键的一步。目标函数的确定与优化结果和计算量有着密切关系。因此，在确定目标函数时，应该注意到生产中的实际要求，并能客观反映设计变量与优化目标的关系，同时建立优化目标的数学模型。数学模型应客观反映所优化对象的本质，物理意义明确，这样才能使优化结果具有真实性和可靠性。

在设计优化轧辊时，根据实际情况，可以选择不同的目标函数。以下为几种可供选择的方案：

（1）为提高轧辊的质量性能指标，需要保证机架的刚度，刚度可用变形来表示，其主要指标为径向变形。因此，可用轧辊的径向变形量最小为目标函数。

（2）以轧辊的质量最小作为目标函数，在满足强度和刚度的条件下追求质量最小。

（3）在优化过程中，可以顺序的采用不同的目标函数进行优化。例如：第一步，采用质量最小作为目标函数，以强度和径向变形量作为约束函数，即优化出材料最省时的几何尺寸。但此时轧辊的径向变形量只是满足使用要求，并不一定能满足径向变形最小。第二步，在第一步优化后的数据库基础上，修改目标函数和约束函数，改为以径向变形最小作为目标函数，把优化后的质量变为约束条件，求出在该质量条件下的径向变形量最小，即获得材料的合理分布时的各尺寸值。

（4）采用多目标函数，如轧辊质量与径向变形量等，但必须采用加权组合的方式成为统一的目标函数后，才能在 ANSYS 中进行优化。

本书采用第（3）和第（4）种方案分别进行优化，使轧辊的多项性能指标达到最优值，提高轧辊的整体性能。

以轧辊的质量最小为目标函数时，用轧辊的材料密度乘以优化后的轧辊体积就得到了优化后的轧辊质量，表达式为：

$$F_1(X) = DENS \times VTOT = WT \tag{8-35}$$

式中 $DENS$ ——轧辊材料的密度；

$VTOT$ ——轧辊的体积；

WT ——轧辊的质量。

以轧辊的径向变形最小为目标函数时，表达式为：

$$F_2(X) = u_{ymax}^{(+)} - u_{ymin}^{(-)} = y \tag{8-36}$$

式中 $u_{ymax}^{(+)}$ ——轧辊径向节点位移最大值；

$u_{ymin}^{(-)}$ ——轧辊径向节点位移最小值。

多目标优化时，轧辊质量和径向变形以加权组合的方式成为统一的目标函数，表达式为：

$$F_3(X) = \omega_1 \times WT + \omega_2 \times y \tag{8-37}$$

式中 ω_1，ω_2——加权系数。

综合上面的分析结果，得出轧辊的数学模型为：

$$\begin{cases} \min F(X) \\ X = [X_1, X_2, X_3, X_4, X_5]^T \\ s.t. g_u(x) \leqslant 0 \quad (u = 1, 2, \cdots, 14) \end{cases} \tag{8-38}$$

8.4.5 轧辊优化方法的选取

模糊多目标优化设计中包含了许多模糊因素，如各分目标的重要程度等，因此每一组非劣解实际为一个模糊集合 F_r，r 表示非劣解模糊集合的个数（$r = 1, 2, \cdots, k$），记为向量 $F_r = [f_1(X), f_2(X), \cdots, f_q(X)]^T$，其中最靠近理想解的一组非劣解即为最优解。

由于在 ANSYS 中只能进行单目标优化，因此在 ANSYS 中进行多目标优化必须采用加权组合成单目标函数的形式才能进行。本节主要考虑轧辊的各尺寸参数对轧辊的质量和刚度的综合指标的影响，由于径向的变形能反映刚度这个指标，因此进行优化时采用轧辊的质量和径向变形的加权组合统一成一个目标函数的方式进行多目标的优化。该优化是在单目标优化的基础上进行的。

在 ANSYS 各种优化方法中，零阶优化方法是一个普遍适用的优化方法，不容易陷入局部极值点。它只用到目标函数和约束函数自身的值，而不用它们的偏导数。而轧辊是较为复杂的零件，单元和节点的数目较多，在颈部与头部和轧辊内侧台阶处的应力梯度变化较大，目标函数和约束函数的倒数都不易求得。为了保证优化的顺利进行，本节采用零阶方法中的子问题法进行优化求解运算。

统一加权时，加权因子一般由专家评定或经验决定，本次设计中刚度指标 f 相比于质量指标 WT 重要得多，因此选取加权系数 ω_1、ω_2 分别为 0.3 和 0.7。并且在多目标优化时，各分目标函数的数量级应该统一，即统一加权后的总目标函数可表示成：

$$F(X) = 0.3 \times WT + 0.7 \times 100 \times y \qquad (8-39)$$

在本节优化结束后应用模糊学优化理论对优化结果进行模糊综合评判。

8.4.6　多目标优化的结果

多目标优化后的设计变量和目标函数的变化过程如图 8-5～图 8-7

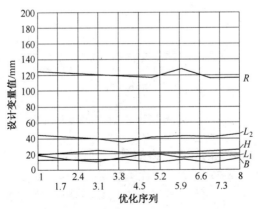

图 8-5　设计变量 B、H、L_1、L_2、R 变化曲线

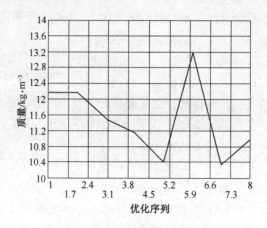

图 8-6   分目标函数质量变化曲线

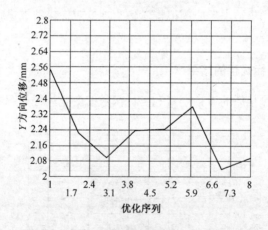

图 8-7   分目标函数 Y 方向位移变化曲线

所示。最优解所对应的等效应力如图 8-8 所示。X、Y、Z 方向的位移分布如图 8-9~图 8-11 所示。最优解对应的主应力如图 8-12 所示。从以上图中可以看出，多目标优化后各因素的变化趋势和单目标优化的趋势是一致的。

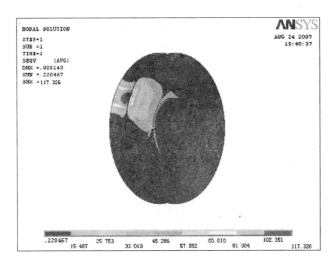

图 8-8 多目标优化后的等效应力

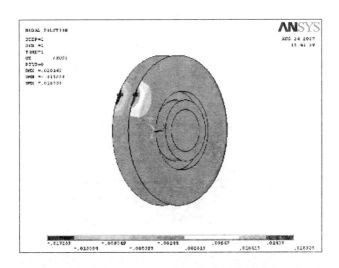

图 8-9 多目标优化后沿 X 方向的位移分布

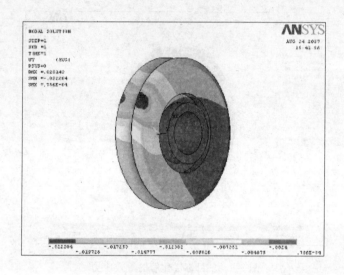

图 8-10　多目标优化后沿 Y 方向的位移分布

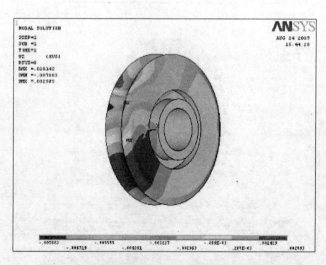

图 8-11　多目标优化后沿 Z 方向的位移分布

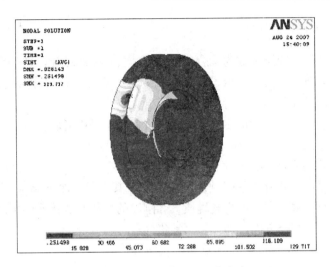

图 8-12 多目标优化后的主应力

从上面图中可以看出，多目标优化后的危险点处等效应力和 X、Y、Z 方向的位移都在许用值的允许范围之内，优化结果符合要求。

为了更准确地反映单目标和多目标优化后各参数的变化情况，现将三次优化后的数据列于表 8-3 中。

表 8-3 三次优化前后对比表

项目	初始值	单目标优化 WT 后	单目标优化 Y 后	多目标优化后
B/mm	13	8.2068658	13.848376	8.8277342
H/mm	18	17.550828	16.062298	23.589103
L_1/mm	20	19.282070	19.960689	17.136493
L_2/mm	43	36.694182	35.132813	40.908625
R/mm	125	115.24375	115.04201	115.95247
σ/MPa	116.47880	118.04270	113.69372	117.32568
WT/kg	12.180640	9.6391845	9.6373464	10.327456
y/mm	1.4631532E-2	1.2249376E-2	1.1728435E-2	1.2034726E-2

8.4.7 模糊综合评判

综合评判问题也成为综合决策问题[111]，模糊综合评判是模糊综合决策的数学工具，机械设计中常用的有一级和二级模糊综合评判。本节主要对优化结果进行一级模糊综合评判。

本节将从单目标优化结果和多目标优化结果中对轧辊进行一级模糊综合评判[112]，来验证多目标优化结果的可取性。

（1）建立评价因素集 U。评价因素集 $U=(u_1,u_2,\cdots,u_n)$ 应体现出综合评价时分析考虑问题的各个方面，其中每一个元素 u_i 既表示一个方面。本节主要考虑轧辊质量和刚度的变化，因此该分析简化问题只考虑这两个方面，即评价因素集为：

$$U=(u_1,\ u_2) \tag{8-40}$$

式中 u_1——轧辊质量；

u_2——轧辊刚度。

（2）建立方案集 V。方案集 $V=(v_1,v_2,\cdots,v_m)$ 应包括进行评价和备择的所有方案。该设计方案集为：

$$V=(v_1,\ v_2,\ v_3) \tag{8-41}$$

式中 v_1——以质量为目标的单目标优化设计方案；

v_2——以刚度为目标的单目标优化设计方案；

v_3——质量和刚度加权后的多目标优化设计方案。

（3）确定各评价因素的权重。权重集 $A=(a_1,\ a_2,\cdots,\ a_n)$ 应满足非负性和归一性的条件。多目标优化加权质量和刚度为统一目标函数时，考虑刚度的影响多一些，占总体的 70%；质量占 30%。因此权重集为：

$$A=(0.3,0.7) \tag{8-42}$$

（4）确定各方案对各因素的隶属度，构成模糊关系矩阵 R。非劣解的隶属度总是在 0 和 1 之间变化，根据事物的随机性可知，非劣解总是分布在理想解的左右，所以取最常用的正态分布规律作为非劣解模糊集合的隶属函数，即质量因素和刚度因素的隶属函数为：

$$u_{WT,\ y}(x)=e^{-x^2} \tag{8-43}$$

通过计算得到评价因素质量和刚度的隶属度见表 8-4。

表 8-4　评价因素的权重及隶属度

评判因素（权重）	方案 1	方案 2	方案 3
质量 WT（0.3）	4.44647	4.60684	4.78334
刚度 y（0.7）	0.99985	0.99986	0.99986

由表 8-4 可知模糊关系矩阵 R 为：

$$R = \begin{pmatrix} 4.44647 & 4.60684 & 4.78334 \\ 0.99985 & 0.99986 & 0.99986 \end{pmatrix} \quad (8\text{-}44)$$

（5）矩阵计算。按普通矩阵的乘法运算进行，根据 B 元素的大小，由最大隶属原则进行方案优劣的比较选择。

$$B = A \cdot R = (0.3 \ 0.7)\begin{pmatrix} 4.44647 & 4.60684 & 4.78334 \\ 0.99985 & 0.99986 & 0.99986 \end{pmatrix}$$

$$= (2.033836, 2.081954, 2.134904) \quad (8\text{-}45)$$

可以看出 3 种方案中，方案 3 最优，这同时也证明了多目标优化的正确性和可行性。

8.4.8　优化结论

通过一级综合评判得出方案 3 为最优一组数据。与初始数据相比，各参数 B 减小了 32.09%、H 增大了 31.05%、L_1 减小了 14.32%、L_2 减小了 4.86%、R 减小了 7.24%、等效应力增大了 0.73%、质量减小了 15.21%、Y 方向位移减小了 1.77%，即刚度增大了 1.77%；且各数值大小仍在许用范围之内，达到了本优化设计质量最小、刚度最大的目的。

参 考 文 献

[1] 刘植义，等. 遗传学 [M]. 北京：人民教育出版社，1982.

[2] 陈世骧. 进化论与分类学 [M]. 北京：科学出版社，1978.

[3] 陈国良，等. 遗传算法及其应用 [M]. 北京：人民邮电出版社，1996.

[4] Holland J H. Adaptation in nature and artificial systems [M]. MA：MIT Press, 1992.

[5] De Jong K A. An analysis of the behavior of a class of genetic adaptive systems [D]. Ann Arbor：University of Michigan，1975.

[6] Goldberg D E. Genetic algorithms in search, optimization and machine Learining [J]. Adison-Wesley，1989.

[7] Davis L D. Handbook of genetic algorithms. London：Van Nostrand Reinhold，1991.

[8] Koza J R. Genetic Programming, on the Programming of Computers by Means of Natural Selection. MIT Press，1992.

[9] Koza J R. Genetic Programming II Automatic Discovery of Reusable Programs [M]. MA：MIT Press，1994.

[10] 席裕庚，柴天佑，恽为民. 遗传算法综述 [J]. 控制理论与应用，1996，13 (6)：697~708.

[11] 郭定刚. 基于遗传算法的航空项目资源优化技术研究 [D]. 西安：西北工业大学，2004.

[12] 王小平，曹立明. 遗传算法——理论、应用与软件实现 [M]. 西安：西安交通大学出版社，2002.

[13] 玄光男，程润伟. 遗传算法与工程优化 [M]. 北京：清华大学出版社，2004.

[14] Holland J. Adaptation in natural and Artificial systems [M]. University of Michigan Press，Ann Arbor，MI，1975；MIT Press，Cambridge，MA，1992.

[15] 徐远方，郑华. 基于 Matlab 的 BP 神经网络实现 [J]. 微型电脑应用，2006，22 (8)：41~44.

[16] 张秀艳，陶国彬，刘庆强. 基于 Simulink 的 BP 神经网络实现 [J]. 佳木斯大学学报，2007，25 (5)：587~589.

[17] 汪光森，伍行键，李誉. 基于 FPGA 的神经网络的硬件实现明 [J]. 电子技术应用，1999，12，23~25.

[18] 张承翔. 基于人工神经网络的公司财务危机预警系统 [D]. 上海：上海交通大学，2007.

[19] 王建新. 基于人工神经网络的房地产市场预警体系研究 [D]. 杭州：浙江大学，2005.

[20] 田传俊. 神经网络若干问题研究 [D]. 广州：华南理工大学，2001.

[21] 徐爱兵. 色彩与人格——人工神经网络在心理测验中的应用研究 [J]. 高校讲坛，

2011 年第 35 期：328～330.

[22] 吕琼帅. BP 神经网络的优化及应用 [D]. 漳州大学，2011. 5：1～2.

[23] 焦李成. 神经网络系统理论 [M]. 西安：西安电子科技大学出版社，1990.

[24] 杨旭华. 神经网络及其在控制中的应用 [D]. 杭州：浙江大学，2004，5：5～7.

[25] 丛爽. 面向 MATLAB 工具箱的神经网络理论与应用 [M]. 合肥：中国科学技术大学出版社，1999.

[26] Churing Y. Backpropagation, Theory, Architecture and Applications [M]. New York：Lawrence Erbaum Pulishers，1995.

[27] 潘洁. 基于 KMV 模型和神经网络的上市公司财务危机预警研究 [D]. 成都：电子科技大学，2010.

[28] 张丽. 基于 BP 神经网络的上市公司财务危机预警研究 [D]. 北京：北方工业大学，2009.

[29] 谭洪舟. 基于高阶统计理论的线性与非线性系统辨识的研究 [D]. 广州：华南理工大学，1998.

[30] 高媛. 非支配排序遗传算法（NSGA）的研究与应用研究 [D]. 杭州：浙江大学，2006：4～8.

[31] L Zadeh. Fuzzy sets [J]. information and control，1965，8：338～353.

[32] 张振良，张金玲，肖旗梅. 模糊代数与粗糙代数 [M]. 武汉：武汉大学出版社，2006：1～10.

[33] B. Liu. Fuzzy random chance-constrained programming [J]. IEEE Transactions Fuzzy Systems，2001，9（5）：713～720.

[34] 张立民. 模糊可靠性基础理论研究 [J]. 电子产品可靠性与环境试验，2010（3），6～9.

[35] 肖盛燮，王义平，等. 模糊数学在土木与水利工程中的应用 [M]. 北京：人民交通出版，2004.

[36] Zimmermann H J. Fuzzy set theory [J]. Wiley Interdisciplinary Reviews：Coputational Statistics，2010，2（3）：317～332.

[37] Rao S S. Description and optimum design of fuzzy mechanical systems [J]. ASME, J of Mech, Transm, and Atrom in Des，1987，109（1）：126～132.

[38] 顾金梅，黄风立，张海军. 多目标模糊优化方法及其在可靠性设计中的应用 [J]. 机械设计与制造，2008，1（1）：43～45.

[39] 陈举华. 机械结构模糊优化设计方法 [M]. 北京：机械工业出版社，2002.

[40] 赵取. 基于 ANSYS 平台结构模糊优化分析方法研究 [D]. 重庆：重庆大学，2007.

[41] 吴俊飞. 绕丝式超高压容器模糊优化设计 [J]. 压力容器，2008，1：11～14.

[42] 李树平. 机械零部件的模糊可靠性优化设计 [D]. 西安：西安理工大学，2008.

[43] 顾冰芳，龚烈航. 模糊约束条件中最优化水平值的综合评判 [J]. 解放军理工大学学报：自然科学版，2003，3：10～15.

[44] 崔逊学, 林闯, 方廷健. 多目标进化算法的研究与进展 [J]. 模式识别与人工职能, 2003, 16 (3): 306~314.

[45] 关志华. 多目标进化算法研究初步. 石家庄经济学院学报 [J], 2002, 25 (2): 125~128.

[46] 陈一君. 多目标模糊优化理论及其在制造系统中的应用 [J]. 四川轻化工学院学报, 2002, 15 (3): 22~25.

[47] 张永栋. 基于多目标遗传算法的涡旋型线形状优化设计研究 [D]. 重庆: 重庆大学, 2004: 19~24.

[48] 陈卫东, 蔡荫林. 工程优化方法 [M]. 哈尔滨: 哈尔滨工程大学出版社, 2006.

[49] 王祖和, 亓霞. 多资源均衡的权重优选法 [J]. 管理工程学报, 2002, 3: 91~93.

[50] 杨耀红, 汪应洛, 王能民. 工程项目工期成本质量模糊均衡优化研究 [J]. 系统工程理论与实践, 2006, (7): 112~117.

[51] 陈耀明, 工程建设项目多目标综合优化研究 [J]. 中国管理科学, 2004, 12 (z1): 173~176.

[52] Tucci R R. Quantum information theory——A quantum Bayesian net perspective. http: // arxiv. org/abs/quant-ph/99909039vl, 1999.

[53] Bshouty N, Jackson J. Learining DNF over the uniform distribution using a quantum example oracle// Proceedings of the Eighth Annual Conference on Computational Learning Theory [M]. New York: ACM Press, 1995: 118~127.

[54] Farhi E. Gutmann S. Quantum computation and decision tress [J]. Physical Review A, 1998, 58 (2): 915~937.

[55] Arabs J, Michalewicz Z, Mulawake J. GAVaPS- A genetic algorithma with varying population size [A]. Proceedings of the First IEEE Conference on Evolutionary Computation [C], Orlando, 1994, 1: 73~78.

[56] Hesser J, Manner R. Towards an optimal mutation probability for genetic algorithms [J]. Parallel Problem Solving from Nature, 1990: 23~32.

[57] Penrose R. Shadows of the Mind: A search for the missing science of consciousness [M]. London: Oxford University Press, 1994: 122~132.

[58] Menner T. Narayanan A. Quantum-inspired neural networks, Technical Report NO. 329. Exeter: Department of Computer Science, University of Exeter, 1995.

[59] Ventura D. Quantum computing and neural information processing [J]. Information Sciences, 2000, 128: 147~148.

[60] Horn J, Handbookofevolutionary computation [M]. Bristol (UK): Institute of Physics Publishing, 1997.

[61] Schaffer J D. Multiple objective optimization with vector evaluated genetic algorithm [A]. Proceeding of the firstly international conference on genetic algorithm [C], Lawrence, Erlbaum, 1985: 93~100.

[62] Khoa Duc Tran. Elitist non-dominated sorting GA-II (NSGA-II) as a parameter-less multi-objective genetic algorithm [J]. Southeaston, 2005: 359~367.

[63] Fonseca C M, Fleming P J. On overview of evolutionary algorithms in multi-object optimization [J]. Evolutionary Computation, 1995, 3 (1): 165~180.

[64] Sayidmasuthu Shabeer, Michael Yu Wang. Multi-objective optimization of sequential brake forming process [J]. Journal of Materials Processing Technology, 2000, 102: 266~276.

[65] Bingul Z, Sekmen A S, Palaniappanand S, et al. Genetic Algorithms Applied to real time multi-objective optimization [J]. Southeaston, 2000 (4): 95~103.

[66] 朱文坚, 陈东, 刘建素. 遗传算法在多目标优化设计中的应用研究 [J]. 机械工程师, 2001: 7~9.

[67] 雷英杰, 张善文, 李续武. MATLAB 遗传算法工具箱及应用 [M]. 西安: 西安电子科技大学出版社, 2005: 31~33.

[68] 雷英杰, 张善文, 李续武. MATLAB 遗传算法工具箱及应用 [M]. 西安: 西安电子科技大学出版社, 2005: 11~13, 62~104, 142~145.

[69] Ma Jinhong, Zhang Wen zhi. The multi-object optimal pass design based on MOGA [J]. Procedia Engineering, 2011 (15): 3270~3276.

[70] 胡毓达. 实用多目标最优化 [M]. 上海: 上海科学技术出版社, 1990: 25~39.

[71] 刘战英. 轧制变形规程优化设计 [M]. 北京: 冶金工业出版社, 1996: 1~4, 134, 247~251.

[72] 赵松筠, 唐文林. 型钢孔型设计 [M]. 第 2 版. 北京: 冶金工业出版社, 2000, 79~81, 273~295.

[73] B. K. 斯米尔诺夫, B. A. 希洛夫, Ю. B. 依纳托维奇. 轧辊孔型设计 [M]. 鹿守礼, 黎景全, 译. 北京: 冶金工业出版社, 1991: 70~116, 331.

[74] 林伟庆, 李振石, 李建平, 等. 基于遗传算法的多连杆压力机运动优化方法 [J]. 锻压技术, 2011, 36 (5): 81~84.

[75] 邹家祥. 轧钢机械 [M]. 第 3 版. 北京: 冶金工业出版社, 1999: 68~77.

[76] 王富民, 张扬, 田社平. 遗传算法与惩罚函数法在机械优化设计中的应用 [J]. 中国计量学院学报, 2004, 15 (4): 290~293.

[77] 吕波, 吴鹿鸣, 潘亚嘉. 遗传算法与惩罚函数法相结合在约束优化问题中的应用 [J]. 机械科学与技术, 1999, 18 (5): 732~734.

[78] 赵正佳, 黄洪钟, 陈新. 优化设计求解的遗传—神经网络新算法研究 [J]. 西南交通大学学报, 2000, 35 (1): 65~68.

[79] 田方, 谢里阳, 陶柯. 基于惩罚和修复策略的约束优化遗传算法 [J]. 机械设计, 2005, 22 (11): 7~9.

[80] 基于多目标遗传算法的涡旋型线形状优化设计研究 [D]. 重庆: 重庆大学, 2004: 19~24.

[81] 龚曙光. ANSYS 工程应用实例解析 [M]. 北京: 机械工业出版社. 2003: 246~250.

［82］博弈创作室. ANSYS9. 0 经典产品高级分析技术与实例详解［M］. 北京：中国水利出版社，2005.

［83］美国 ANSYS 公司成都办事处. ANSYS 高级分析指南. 2000：145~150.

［84］Ma Jinhong, Zhang Wenzhi, Chao Shiping, et, al. Optimization of the curve's parameters on corrugated waist rail using GA combined with FEM［C］//. International Conference on Mechanical Engineering and Mechanics, 2007（1）：345~348.

［85］Chen Wei, Zhang Yuzhu, Ma Jinhong, et, al. Optimization of processing parameters for beam for beam blank continuous casting using MOGA combined with FEM［J］. Rev. Adv. Mater. Sci, 2013（33）：337~341.

［86］马劲红，张文志，宋剑锋，等. MOGA 和 FEM 相结合优化实现万能型钢轧机机架圆角的多目标优化［J］. 塑性工程学报，2008，15（1）：146~149，177.

［87］姚云英. 轧机机架的有限元优化设计［D］. 兰州：兰州理工大学，2006.

［88］高媛. 非支配排序遗传算法（NSGA）的研究与应用［D］. 杭州：浙江大学，2006：27~28.

［89］韩荣荣. 基于遗传算法的 BP 神经网络在多目标药物优化分析中的应用［D］. 太原：山西医科大学，2011：5~7.

［90］Sarle W S. Neural network FAQ-Part 2 of 7 Learning［M］. Cary NC：Periodic Posting to the Usennet New group Compai Neurl nets, 1999：56~58.

［91］董如何，肖必华，方永水. 正交试验设计的理论分析方法及应用［J］. 安徽建筑工业学院学报（自然科学版），2004（6）：103~106.

［92］蒋文胜，庞祖高，夏薇，等. 基于神经网络和遗传算法的薄壳件注塑成型工艺参数优化［J］. 塑料制造，2007（Z1）：59~62.

［93］杨艳子. 基于 BP 网络和稳健性分析的机械扩径工艺参数优化［D］. 秦皇岛：燕山大学，2010：57~59.

［94］杨会志. 基于 BP 网络和遗传算法的正交实验分析［J］. 计算机工程与应用，2001，（20）：16~18.

［95］蒋文胜，庞祖高，夏薇，等. 基于神经网络和遗传算法的薄壳件注塑成型工艺参数优化［J］. 塑料制造，2007（Z1）：59~62.

［96］杨会志. 基于 BP 网络和遗传算法的正交实验分析［J］. 计算机工程与应用，2001（20）：16~18.

［97］马劲红，陈伟，张文志，李娟. BP-NSGA 和 FEM 相结合优化万能型钢轧机机架圆角［J］. 锻压技术，2014，39（6）：131~135.

［98］宋剑锋. 万能型钢轧机机架有限元模拟计算及形状优化设计［D］. 秦皇岛：燕山大学，2004：27~30.

［99］吴旭春，李佑河，黄贞益，等. 基于 ANSYS 有限元法的型钢轧机机架分析［J］. 冶金设备，2010（5）：38~40，63.

［100］孙占刚，韩志凌，魏建芳. 轧机闭式机架的有限元分析及优化设计［J］. 冶金设备，

2004，（3）：8~11.

[101] 王春成，杨景锋，王丽君，等. 轧钢机机架有限元分析及优化设计 [J]. 机械设计与制造，2009（11）：61~62.

[102] 李娟. 万能型钢轧机的参数化设计及机架优化 [D]. 秦皇岛：燕山大学，2011：35~52.

[103] 黄洪钟. 机械设计模糊优化原理及应用 [M]. 北京：科学出版社，1997：101~105.

[104] 张鹏，肖芳淳. 模糊贴近度在多目标优化中的应用 [J]. 计算机构力学及其应用，1989，6（1）：47~57.

[105] 刘扬松，李文方. 机械设计的模糊学方法 [M]. 北京：机械工程出版社，1996：22~33，130~148.

[106] 马劲红，陶彬，姚晓晗，张利亚. Y 型轧机轧辊的优化设计 [J]. 热加工工艺，2014，43（13）：141~143.

[107] 张少渊. 新型单传动轴可调式三辊 120°Y 型轧机 [J]. 世界有色金属，2002，3（12）：63~64.

[108] 胡海萍，孙吉先，朱为昌. Y 型三辊轧制变形过程有限元模拟与实验 [J]. 北京科技大学学报，1999，21（4）：372~375.

[109] A. E. 克里渥谢耶夫. 铸造轧辊生产理论与工艺基础 [M]. 北京：中国工业出版社，1962：128~131.

[110] 李黎明. ANSYS 有限元分析使用教程 [M]. 北京：清华大学出版社，2005：322~339.

[111] 张俊福，邓本让，朱玉仙，刘启千. 应用模糊数学 [M]. 北京：地质出版社，1988：270~280.

[112] 谢庆生，罗延科，李屹. 机械工程模糊优化方法 [M]. 北京：机械工业出版社，2002：73~83，134~143.